U0287303

8.8m 大采高超大采场覆岩破断规律与围岩控制

王海军　著

科 学 出 版 社
北 京

内 容 简 介

本书以神东煤田上湾煤矿 12401 综采工作面为工程背景，采用现场实测、室内物理力学实验、相似材料模拟实验、数值计算等研究方法，分析浅埋 8.8m 大采高采场矿压显现特征，揭示浅埋 8.8m 大采高采场围岩破坏失稳机理，研究浅埋 8.8m 大采高采场覆岩运动特征与采动应力动态演化过程，提出浅埋 8.8m 大采高采场围岩控制方法，并开展相关工程应用工作。本书介绍的研究成果丰富了大采高超大采场煤炭开采理论与方法，可为我国其他相似条件矿井的煤炭开采提供借鉴。

本书具有较强的理论性与实践性，可供采矿工程、煤矿安全、矿井地质等领域的科研人员和相关专业高校师生，以及从事煤炭开采工作的专业技术人员参考使用。

图书在版编目（CIP）数据

8.8m 大采高超大采场覆岩破断规律与围岩控制 / 王海军著. —北京：科学出版社，2024.10

ISBN 978-7-03-077856-7

Ⅰ. ①8… Ⅱ. ①王… Ⅲ. ①薄煤层-大采高-围岩-控制-研究 Ⅳ. ①TD823.25

中国国家版本馆 CIP 数据核字（2024）第 023206 号

责任编辑：祝 洁 / 责任校对：崔向琳
责任印制：徐晓晨 / 封面设计：陈 敬

科学出版社 出版
北京东黄城根北街 16 号
邮政编码：100717
http://www.sciencep.com
河北鹏润印刷有限公司 印刷
科学出版社发行 各地新华书店经销
*
2024 年 10 月第 一 版 开本：720×1000 1/16
2024 年 10 月第一次印刷 印张：8 3/4
字数：170 000

定价：218.00 元

（如有印装质量问题，我社负责调换）

序

我国能源富煤、贫油、少气的天然禀赋特点，决定了煤炭在一次能源消费中的重要地位，一直以来煤炭产业是关系国家经济命脉的重要基础产业，为我国经济建设发挥了重要的支撑保障作用，并且在未来很长一段时间内仍是我国能源安全稳定供应的“压舱石”。

我国东部煤炭资源逐渐枯竭，煤炭生产重心已向西部转移，以神东煤田为代表的鄂尔多斯盆地成为我国重要的煤炭产区，其侏罗纪煤田储量大、埋藏浅、煤层厚、煤质优，被誉为“中国能源金三角”。随着我国煤炭工业技术装备水平的不断提高，一次采全高综采工作面开采高度不断增大，实现了 8m 以上特厚煤层的回采，大幅提高了生产效率和资源回收率。但是，超大采高工作面在回采过程中采场顶板覆岩破断与矿压显现规律较以往发生了较大改变，增大了采场围岩失稳破坏的概率与控制难度，主要表现为地表下沉明显、顶板压力大、煤壁片帮严重等，影响了煤矿安全生产。

国家能源集团神东煤炭集团上湾煤矿 8.8m 综采工作面是我国首个超大采高综采工作面，该书以此工作面为研究对象，依托国家重点研发计划项目，针对超大采高综采工作面采场覆岩破断规律与围岩控制问题，开展了深入系统的研究。该书通过理论推导、原位监测、室内测试、相似材料模拟、数值计算等研究方法，建立了采场顶板结构力学模型，揭示了采场围岩破坏失稳机理，分析了采场覆岩运动特征与采动应力动态演化过程，提出了采场矿压预测方法和围岩稳定性控制方法。这一系列成果在理论与技术上具有较强的创新性，可有效指导超大采高新型液压支架的研发与制造，并在上湾煤矿得到了成功应用。

王海军研究员自参加工作以来始终奋战在煤矿安全生产和科研工作一线，该书是其团队多年科学研究与工程实践成果的总结，为我国西部矿区特厚煤层的安全高效开采提供了重要理论依据和技术参考。希望该书的出版能够更好地指导特厚煤层开发工作，进一步提升我国煤炭开采技术理论与装备水平，为煤炭资源的安全高效智能开发作出贡献。

杨仁树

北京科技大学　杨仁树

2024 年 4 月

前　言

我国经济和社会的高速发展离不开能源供给，煤炭作为我国能源供给的主体，在我国能源结构中发挥着举足轻重的作用。我国煤炭总储存量已经超 7000 亿 t，尤其神府东胜煤田，煤炭资源丰富、煤层赋存条件好、开发技术成熟、产能稳定，已成为我国煤炭供应的重要产区。随着煤炭开采装备和技术的不断发展，尤其是 8.8m 大采高综采工作面的投产，使得该区域煤炭开采已达到世界领先水平，代表了我国煤炭开采的最高水平。

大采高工作面一次开采高度大，极大提高了生产效率，但同时造成顶板失稳、支架压死、高帮煤壁破坏等采动灾害频发，顶板、支架和煤壁稳定性问题成为制约大采高综采工作面安全高效生产的主要难题。针对上述问题，本书以上湾煤矿 12401 大采高综采工作面为背景，采用室内物理力学实验、相似材料模拟实验、数值计算和现场实测等研究方法，对覆岩破断规律与“三带”发育特征、薄基岩顶板结构及其稳定性、超高煤壁破坏特征及其内在机理、液压支架选型方法等方面进行介绍。

本书的创新性和贡献主要体现在：

(1) 通过对 8.8m 大采高超大采场进行现场观测和分析研究，得出了浅埋 8.8m 大采高采场矿压显现特征。

(2) 建立了 8.8m 大采高超大采场顶板结构力学模型，得到了自由落体式失稳和回转失稳的发生条件，提出了不同失稳模式下顶板动载冲击力确定方法；构建了考虑支架刚度和护帮结构的煤壁稳定性分析力学模型，解释了 8.8m 大采高综采工作面采场煤壁抛掷型破坏发生机理。

(3) 通过相似材料模拟实验和数值模拟，揭示了 8.8m 大采高综采工作面推进过程中顶板破断规律、覆岩移动和地表下沉特征。

(4) 根据所提出的不同失稳模式下顶板动载冲击力确定方法，对顶板压力进行了计算，提出了 8.8m 大采高工作面矿压预测预报方法和围岩稳定性控制方法。研究成果为条件类似浅埋特厚煤层一次采全高安全高效开采提供理论依据与技术参考。

本书是作者在国家能源集团神东煤炭集团工作期间科学研究与工程实践成果的总结，相关研究工作获得国家重点研发计划课题“大采高工作面智能开采安全技术集成与示范”(2017YFC0804310)的支持。在本书撰写的过程中得到了中煤科工西安研究院(集团)有限公司、国家能源集团神东煤炭集团、煤炭科学研究总院、中国矿业大学(北京)等单位的帮助，在此表示诚挚的谢意！同时，感谢本书中引用文献作者的贡献。

限于作者水平和认识，书中难免有不足之处，恳请广大读者批评指正。

目　录

第1章 绪论

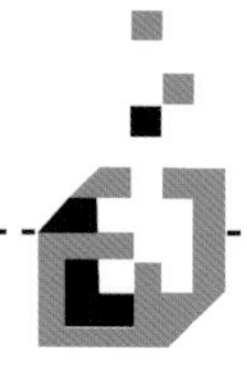

1.1 研究背景及意义

神东煤田是我国厚煤层的主要聚集区。自从我国煤炭开采重心向西部转移，神东煤田的煤炭供应在我国能源储备和供应中就具有举足轻重的地位。同东部煤炭资源的赋存条件相比，神东煤田矿区煤层埋深浅、煤层厚、赋存稳定。该区域矿井开采之初就向规模化、现代化、专业化和信息化发展，神东煤田的成功开发得益于采煤方法的创新和配套设备的革新。神东煤田开发初期，各矿井的主采煤层厚度介于3.5～7.0m，属于典型的厚煤层。为了提高开采效率，降低生产成本，工作面回采设计摒弃了常规分层开采模式，多采用大采高一次采全高的开采工艺，工作面配套大工作阻力液压支架和大功率采煤机。矿区主采煤层厚度的变异系数小，为工作面设备提供了较为稳定的开采环境；重型设备的研发保证液压支架的支撑高度和采煤机的开采高度(简称“采高”)均可达到煤层整层厚度，从而实现了厚煤层的一次回收，降低了生产成本。表1.1为神东煤炭集团(以下简称“神东公司”)所属煤矿年生产能力和地质类型。

表1.1 神东公司所属煤矿年生产能力和地质类型

编号	煤矿	年生产能力/万t	地质类型
1	大柳塔煤矿	3300	中等
2	补连塔煤矿	2800	中等
3	布尔台煤矿	2000	中等
4	锦界煤矿	1800	极复杂
5	上湾煤矿	1600	中等
6	哈拉沟煤矿	1600	中等
7	榆家梁煤矿	1300	中等
8	石圪台煤矿	1200	复杂

续表

编号	煤矿	年生产能力/万 t	地质类型
9	乌兰木伦煤矿	510	中等
10	保德煤矿	500	复杂
11	寸草塔二矿	450	中等
12	柳塔煤矿	300	中等
13	寸草塔煤矿	240	中等

大采高综采技术具有回收率高、性能好、安全性高等优势，在我国有较为广泛的应用，近几年大采高采场围岩控制理论的完善及工作面配套设备水平的提高，极大地拓展了该技术在采煤领域的适用范围，其经济优势使大采高综采逐渐成为7.0m 以下厚煤层开采的首要技术选择。由于开采强度的提高，国家对煤矿装备水平、人员配置、绿色环保和产能等方面的要求不断提高，为进一步提高采区回采率，减少矿井单班作业人数，实现“一井一面”集约生产，在现有 7.0m、8.0m 综采回采成熟技术的基础上，有必要研发平均厚度达 8.8m 的综采成套装备和关键技术。由于 8.8m 特厚煤层开采较薄煤层、中厚煤层和厚煤层等具有复杂性与多样性，在开采过程中尚存在以下几方面亟待解决的技术问题：

(1) 采场地下空间大，顶板控制难度增加，无相邻矿区或同煤层 8.8m 大采高相关开采经验，工作面来压后顶板存在较大冒顶安全隐患。

(2) 8.8m 大采高综采工作面围岩破坏失稳机理不清楚，覆岩运动过程、高帮煤壁片帮破坏机理和围岩控制原则等须进行深入研究。

(3) 开采过程中采场覆岩运动特征与采动应力动态演化过程尚未掌握。

(4) 尚未提出一套完善的切实可行的超大采高采场围岩控制方法。

针对上述问题，有必要对 8.8m 大采高超大采场覆岩破断规律与围岩控制开展深入研究。本书以上湾煤矿 12401 综采工作面为工程背景，首先研究大采高超大采场覆岩破断规律及顶板结构形式，然后对顶板结构及煤壁稳定性进行分析，以期得到新的开采条件下新型支架–围岩关系，实现理论研究先行，以完备的理论指导大采高超大采场工程实践，具有重要的理论意义和工程价值。

1.2 研究现状

1.2.1 大采高工作面覆岩破断规律研究现状

关于采场覆岩可能会形成的结构，近百年来很多学者提出了各种假说，主要是解释矿山压力及其显现。1916 年，德国人 Stock 提出悬臂梁假说，得到了英国的 Friend、苏联的格尔曼的支持[1]。1928 年，德国人 Hack 和 Gilicer 提出了压力拱假说[2]。20 世纪 50 年代初，苏联库兹涅佐夫提出了铰接岩块假说，比利时学者拉巴斯提出了预成裂隙假说[3,4]。

20 世纪 60～80 年代，我国钱鸣高院士提出了采场覆岩层“砌体梁”理论模型[5-7]，如图 1.1 所示。1994 年，钱鸣高院士又在“砌体梁”基础上建立了“滑落-回转”(silding-rotatin，S-R)稳定理论[8-10]。在“砌体梁”力学模型提出的同时，宋振骐院士提出“传递岩梁”理论[11-13]。很多的学者根据实际开采，不断积累经验，并进行不断研究探索，丰富了煤炭开采围岩控制理论。1983 年，石平五教授曾经提出过能量原理，为的是解决一些矿山方向的问题[14]；1994 年，靳钟铭教授等提出了坚硬顶板的采场“悬梁结构”[15]；1997 年，贾喜荣教授提出了采场“薄板矿压理论”[16]。这些理论是很重要的基础，对于研究大采高工作面采场顶板岩层的运动有指导意义。

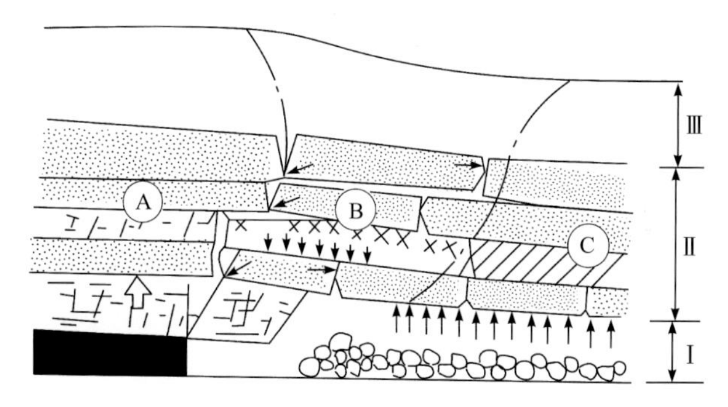

图 1.1 采场覆岩层“砌体梁”理论模型

A-煤壁支撑影响区；B-离层区；C-重新压实区；Ⅰ-垮落带；Ⅱ-裂隙带；Ⅲ-弯曲下沉带

1. 大采高工作面覆岩“三带”研究

煤矿工作面开采过程中上面的岩石有时从下往上会发生垮落、破断、移动的情况，形成垮落带、裂隙带、弯曲下沉带，又称“三带”。“三带”的划分很重要，对预防顶板突水、地表沉陷、支架选型等具有较好的指导作用。我国刘天泉院士最早提出了“三带”的概念，开展了很多的现场实测研究，在该领域作出了很大贡献[17]。目前，有关煤矿顶板理论的大多数看法还是基于“三带”理论，也就是煤层的上方大致可以分成三带。Palchik 认为，在垮落带上方的裂隙带还可再分成三个部分——岩块区域、垂直裂隙贯通带和离层带[18]，如图 1.2 所示。Mark 等认为，煤层顶板应该分成四个部分，也就是垮落带(A)、裂隙带(B)、扩张带(C)和承压带(D)[19]。

黄庆享教授等在神东公司补连塔煤矿和大柳塔煤矿观测中总结了煤矿综采工作面的矿压规律，并对浅埋煤层的一些特征做了大量分析总结[20-23]。研究发现，

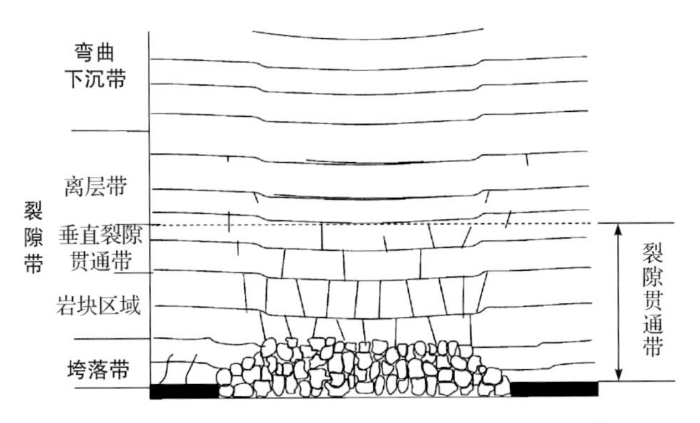

图 1.2　长臂开采法引起上覆岩层的变形和分区示意图

浅埋煤层大采高工作面矿压显现规律具有一定特征，而且在顶板来压时，煤壁片帮、顶板下沉、巷道底鼓等现象也会出现；赵宏珠教授对大采高采场的结构特征进行了相关研究后指出，采高增加对上覆岩层破坏后产生的自由空间有比较大的影响[24]；弓培林和靳钟铭在关键层理论的相关基础上，对采场上覆岩层结构特征和运移规律开展了研究，认为垮落带和断裂带的高度对覆岩关键层的分布影响很大[25,26]。但他们只进行了大量的现场监测，大采高垮落带及断裂带的高度大多时候会比相同煤厚分层开采所对应的高度要高一些，而且采高越高，增高的部分越大，并且是呈台阶的趋势上升。

郝海金等在寺河和成庄等煤矿开展了顶板岩层离层位移监测，并对覆岩层破断位置和其平衡结构进行了系统分析，认为大采高工作面基本顶断裂位置大致在工作面前方，与分层开采相比上覆岩层存在更高层位且与放顶煤相似的平衡结构，岩层的运动是一个逐渐变化的动态过程[27,28]。付玉平等采用理论分析及数值模拟方法对工作面顶板垮落带高度进行了研究，认为采高越高工作面越长，顶板垮落高度呈指数增加，工作面长度对垮落带的影响较小，同时给出了采高、面长相关因素的回归公式，为采煤工作面选择合适的支护措施提供技术保障[29]。杨胜利等研究了大采高采场覆岩变形破断特征，并通过室内试验再现采动引起覆岩破断后运动演化过程。研究表明，覆岩薄弱岩层垮落取决于层间离层裂隙的发育范围[30]。许家林教授等对 7.0m 大采高综采工作面进行了测量和分析，研究了神东矿区特大采高综采工作面覆岩关键层结构形态及其对矿压显现的影响规律与支架合理工作面阻力确定等问题，认为特大采高工作面亚关键层易进入垮落带中，所以不能像一般的工作面那样形成稳定的“砌体梁”结构，形成“悬臂梁”结构周期性破断[31,32]。孙利辉等把工作面覆岩分成直接顶内有无结构岩层，建立了不同开采阶段垮落带动态分布方程，揭示了采空区垮落带动态分布特征[33,34]。Cheng 等在微震监测技术记录的微震事件数量和能量分布的基础上，建立了垂直和水平方向顶板移动的分区方法，对董家河煤矿的微震监测结果进行分析，将覆岩沿垂直方向划分为六带，即塌陷带、块体区域、垂直裂缝贯通区域、垂直裂缝带、离层带和弯曲下沉带[35]。

2. 大采高开采地表沉陷研究

开采地表沉陷是采矿工程面临的最主要的采动损害问题之一[36,37]，许多专家学者对不同地质开采下形成的地表沉陷情况开展了大量研究[38-40]。

大采高开采条件下，对于地表变形规律的研究也较多。余学义曾经对关键层上覆岩层变形和裂缝的变化规律做过一些研究[41]。夏艳华通过数值模拟法建立了分析模型，结合理论分析和现场实测，得出了地表最大下沉值和最大水平移动值与工作面推进距离呈线性关系[42]。王鹏等给出了韩家湾煤矿的地表裂缝分布形态，研究了裂缝发育与覆岩断裂的内在关系[43]。范立民结合观测和调查数据对神府矿区进行了分析研究，认为在风积沙地区，地裂缝会比较多，开采强度对于本区地裂缝的发育起到重要作用[44]。宋选民根据神东上湾煤矿的情况进行了一些研究，采用大比例相似材料模拟试验，对大采高综采工作面顶板垮落、断裂进行分析，研究了其中的变化机理[45]。顾伟通过研究得到了厚松散层开采工作面地表参数的变化规律[46]。施喜书等利用地表移动观测站对补连塔煤矿 32301 工作面地表沉陷进行了实测分析，得出补连塔煤矿 32301 大采高一次采全高工作面开采引起的长壁采空区、煤柱区地表移动特征分区明显；长壁采空区的最大下沉速度比煤柱区大，最大下沉速度滞后距比煤柱区小[47]。

1.2.2 大采高工作面顶板控制理论研究现状

随着开采高度的增加，工作面顶板受采动影响的区域面积随之增大，顶板稳定性降低，矿山压力对顶板的影响程度也随之增加，容易造成安全事故。因此，研究大采高工作面顶板理论，对矿井高产高效开采有着重要的意义，诸多学者对此进行了深入研究，成果丰富。

1. 顶板结构形式研究

国外学者对大采高开采的研究主要针对机械部分的设计和优化，对其理论分析较少。苏联矿山研究院利用相似模拟实验对 2～8m 采高煤层进行研究，得出了随着采高的增加，基本顶破断线由煤壁向煤体深部转移，同时采场顶板下沉量、来压强度也随之增加的结论[48,49]。

钱鸣高院士等认为，随着工作面向前推进，岩梁折断后的岩块在发生回转时形成挤压，其在水平力与摩擦力作用下形成了看似为梁、实则为拱的结构，在研究“砌体梁”结构模型中提出，岩块失稳主要有回转失稳与自由落体式失稳两种形式，即“S-R”失稳条件[5-9]。在此基础上，提出了关键层理论，定义了对岩体活动起控制作用的岩层为关键层，关键层破断，其上部岩层的变形相互协调一致[10]。

宋振骐院士等建立了以上覆岩层运动为中心的传递岩梁理论，在此基础上，分析了矿山压力与岩层移动问题，并进行采场顶板设计[11-13]。

弓培林教授在关键层理论的研究基础上对大采高采场进行了研究，提出覆岩关键层分布特征影响垮落带与断落带的高度，对大采高工作面开采研究提供了理论基础[25,26]。

许家林教授和鞠金峰教授通过实验和分析，结合“悬臂梁”提出了一些有关覆岩关键层“悬臂梁”的结构运动型式，即“悬臂梁”直接垮落、“悬臂梁”双向回转垮落、“悬臂梁”与“砌体梁”交替垮落；揭示了大采高采场覆岩关键层呈现悬臂垮落的本质原因是较大的回转角造成了关键层的直接垮落。图 1.3 所示的关键层处于大采高采场的垮落带中，其规则块度的破断将垮落带分为“规则垮落带”和“不规则垮落带”两个区域[31,32]。

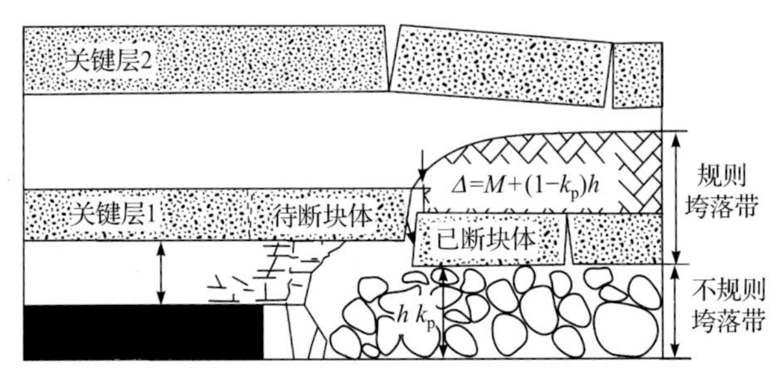

图 1.3　大采高工作面覆岩关键层结构运动示意图[31]

Δ-关键层破断块体的可供回转量；M-煤层采高，m；k_p-直接顶垮落岩块碎胀系数；h-关键层下部直接顶厚度，m

黄庆享教授等通过对大采高工作面的大量实测分析，提出了“高位斜台阶岩梁”结构模型。分析得出，大采高工作面顶板形成“厚等效直接顶”，使基本顶关键层铰接结构层位上移，如图 1.4 所示[20-23]。

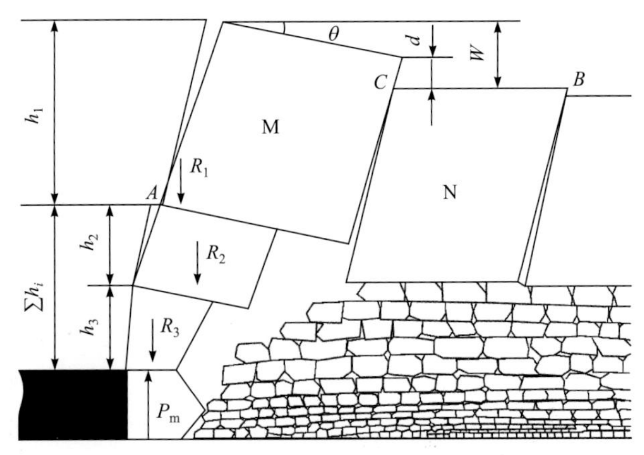

图 1.4　高位斜台阶岩梁模型示意图[23]

h-基本顶关键层厚度，m；$\sum h_i$-等效直接顶厚度，m；h_2-等效直接顶“短悬臂梁”厚度，m；h_3-易垮落等效直接顶厚度，m；M、N-基本顶“高位斜台阶岩梁”结构关键块；R_1-M 岩块对等效直接顶的作用力，kN/架；R_2-等效直接顶形成的“短悬臂梁”自重，kN/架；R_3-易垮落等效直接顶自重，kN/架；P_m-支架承受的载荷，kN/架；A、B、C-关键块铰接点；d-M、N 岩块台阶高度，m；W-N 岩块回转下沉量，m；θ-M 岩块的回转角，(°)

王国法院士团队利用理论分析与数值模拟等方法，分析了大采高工作面顶板破坏应力路径效应，提出了大采高工作面顶板岩层断裂的“悬臂梁+砌体梁”结构及稳定性控制技术，如图 1.5 所示[50-52]。

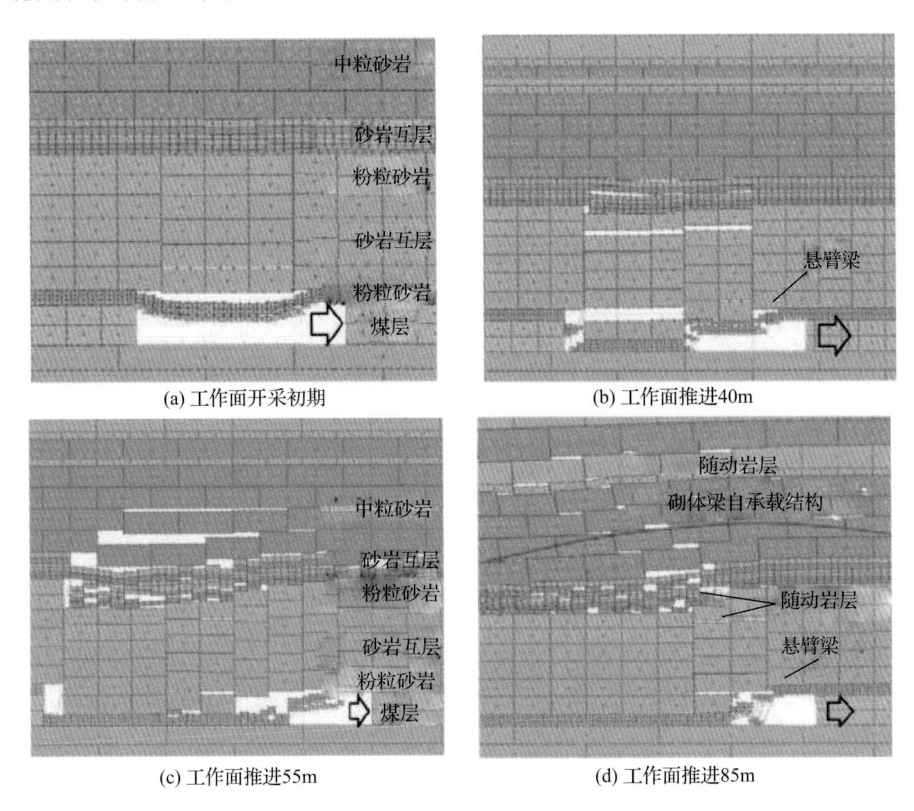

(a) 工作面开采初期　(b) 工作面推进40m

(c) 工作面推进55m　(d) 工作面推进85m

图 1.5 “悬臂梁+砌体梁”结构[52]

2. 顶板失稳条件研究

Shabanimaschcoo 等利用能量法与 UDEC 数值模拟技术对有无水平应力的“砌体梁”结构进行分析，提出了提高“砌体梁”结构的杨氏模量，可提高梁的抗屈曲稳定性，但它会使受压拱内的应力在水平方向上升高[53]。

Das 等利用数值模拟研究岩层倾角和煤层倾角对围岩稳定性的影响，提出了倾斜煤层的岩石载荷强度和应力集中区呈对称状分布，应该在煤柱尖角交界处附近安装支撑压力大的支柱[54]。

黄庆享等通过现场实测和相似模拟实验，发现了采场基本顶初次破断的非对称现象，揭示了采场顶板初次破断机理，认为工作面基本顶的自由落体式失稳是采场来压强烈和顶板台阶下沉的主要原因[55]。

赵雁海和宋选民建立了基本顶初次破断时的铰拱结构模型，如图 1.6 所示[56]。

通过严格几何变形推导出铰接端变形量与下沉量，用数值模拟与现场实测对其进行验证，得出当破断岩块回转角小于 3°，块度大于 0.4 时，回转角略微增大，当岩块块度小于 0.45 时不发生自由落体式失稳；当破断岩块回转角超过 6°，易发生变形失稳[56]。同时，得出了形成浅埋裂隙梁结构允许的埋深公式，对浅埋煤层超长工作面裂隙结构的失稳预测具有重要意义[57,58]。

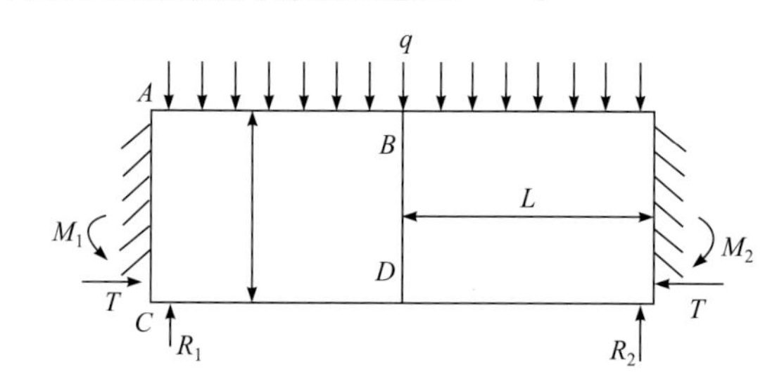

(a) 沿工作面推进方向基本顶固支梁力学模型

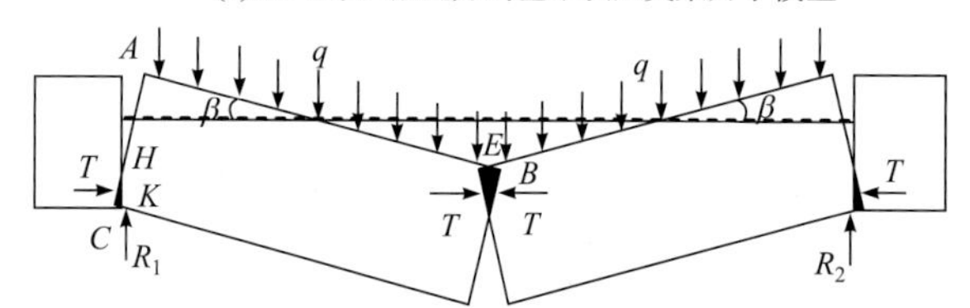

(b) 沿工作面推进方向裂隙梁铰接结构力学模型

图 1.6　铰拱结构模型[56]

q-断块上覆岩层压力及自身重力简化而成的等效均布载荷；L-沿工作面推进方向断块长度；R_1、R_2-端部反力；T-水平推力；M_1、M_2-两端弯矩；β-回转角，(°)

3. 支架工作阻力确定方法研究

针对支架工作阻力的确定方法，各个国家有不同的确定方法。德国煤炭协会通过对大量现场数据监测分析得出，支架工作阻力与工作面破碎度有关[59]。赵宏珠通过对支架工作面实测及模型实验资料，并对不同采高的顶板断裂、垮落和移动进行研究分析，得出大采高支架可以用岩石自重确定[24]。郝海金等通过学习损伤力学理论的知识，对大采高工作面顶板岩层的断裂位置和结构进行了分析和研究，得出了如何确定大采高液压支架合理工作阻力的方法[60-62]。许多学者采用理论分析与现场实测相结合的方法，研究了大采高综采采场顶板结构特征。直接顶中厚硬岩层会对覆岩垮落有比较重要的影响，根据这一特点提出了直接顶关键层的概念以及用它进行判别的方法，根据直接顶关键层对直接顶的存在情况进行分类并计算支架工作阻力[63-65]。王家臣等依据对地质与采矿条件分析，结合基本顶初次来压情况提出了一种动态模拟方法来确定支架工作阻力[66]。王国法院士等利用现场实测、模拟分析等方法，研究了大采高综放工作面液压支架-围岩耦合作用关系，如图 1.7 所示，得到了坚硬特厚煤层直接顶冒放结构及液压支架合理工作阻力确定方法[67-70]。

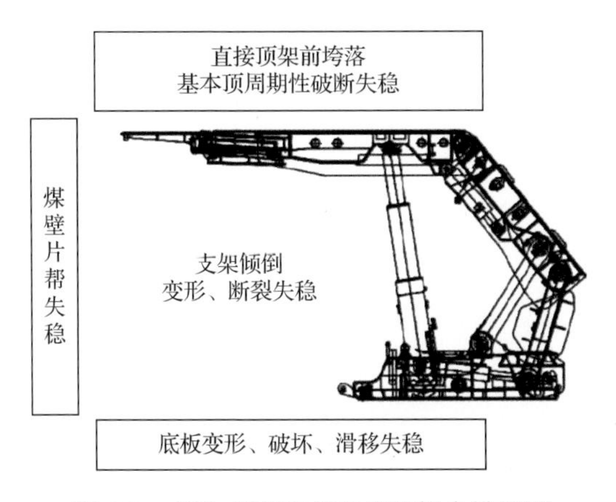

图 1.7　支架–围岩系统稳定性耦合模型[69]

1.2.3　大采高工作面煤壁稳定性控制研究现状

第二次工业革命之后，英国、德国等欧洲工业大国大力发展综合机械化采煤技术，美国、澳大利亚也逐渐转变为世界采煤大国[71-73]。Salamon 等认为，在南非煤矿中预测强度与计算载荷的比值，即为临界安全系数，推导出了定义煤柱强度的近似公式[74]。Lee 等利用模糊概率理论提出了一种系统评估片帮剥落概率的模糊概率模型，对世界各地二十个地下开放项目进行了评价。结果表明，剥落概率方面与现场观察一致[75]。Satyendra 等指出，印度一般将一根煤柱划分成两个或更多的小煤柱，将部分煤柱留在采空区上作为临时天然支撑，增加了稳定性，减少了人工支撑架设所耗费的时间，如图 1.8 所示[76]。

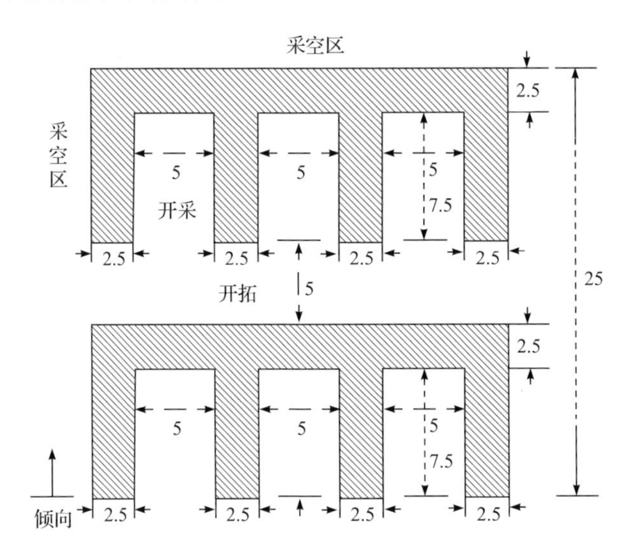

图 1.8　煤柱留设图(单位：m)[76]

在我国，随着矿山设备的发展[77-80]，采煤机截割高度不断增加[81-83]。由于长壁工作面的开采高度较高，以及采动后工作面受到的矿山压力影响，煤壁片帮成为影响大采高工作面安全生产的主要问题[84-87]，如图 1.9 所示。因此，我国研究人员对煤壁片帮问题进行了深入研究[88,89]，取得了部分研究成果，相关研究内容简述如下。

图 1.9　片帮现场图

1. 煤壁破坏影响因素

1) 煤体强度和坚固性

宋振骐院士等研究了煤壁应力分布规律及其塑性区发展规律的影响因素，用 FLAC 3D 等软件模拟了煤壁前方应力集中系数、埋深与煤的弹性模量之间的关系，得出了煤的硬度是煤壁片帮最大影响因素[90]。

杨胜利等对赵固二矿 11011 工作面取煤样分组进行自然状态下抗压强度试验，发现硬煤在层理发育、煤体内部弱面较多的情况下，硬度系数低的煤层更容易发生煤壁片帮[91]。

2) 煤体裂隙发育情况

钱鸣高院士等根据裂隙发育情况对煤壁稳定性的影响大小，将节理裂隙进行了具体分类：平行于层理的裂隙、垂直于层面的裂隙、倾向煤壁的裂隙、倾向采空区的裂隙及楔形裂隙[6]。

杨胜利等在对赵固二矿 11011 硬煤工作面进行测量研究的时候发现，工作面中间的煤体或许有着更多的横向层理，煤体会沿着横向层理面片帮，通过超声波测试，对裂隙层理发育程度与煤壁稳定性之间的相关性进行了研究[92,93]。

3) 采场系统对煤壁影响

钱鸣高院士等提出了在工作面垂直方向上有“直接顶–液压支架–直接底”支架–围岩系统的刚度关系，由系统变形共同作用，维持其稳定性[6]。王家臣教授等在此基础上提出了“采空区–液压支架–工作面煤壁”采场系统刚度关系，在工作面推进方向上由三者一起作用，其中液压支架的选择很重要，它对工作面煤壁的稳定性有很大的帮助[94]。

2. 煤壁破坏机理

我国学者将边坡稳定性的方法应用到了煤壁破坏的机理中，并对其进行相关研究和计算，提出了极限平衡分析法[95-97]。通过莫尔–库仑强度准则，计算出抗滑力和下滑力，根据煤壁片帮判据来判断煤壁是否稳定，极限平衡分析法是现阶段研究煤壁破坏机理常用方法。

王家臣教授等认为顶板压力和支架工作阻力是两个重要因素，它们能够影响煤壁稳定性，通过理论公式的研究，根据相关的力学模型来定义煤壁的稳定系数，最后提出了煤壁片帮判据[98,99]。通过研究，还得出了煤壁片帮破坏无论是煤壁的拉裂破坏还是剪切破坏，如图 1.10 所示，都与煤体的顶板压力和抗剪强度，以及煤体的性质有关，提出了通过减小压力和提高煤体抗剪强度等技术措施，可以有效地防治极软煤层煤壁片帮[100,101]。

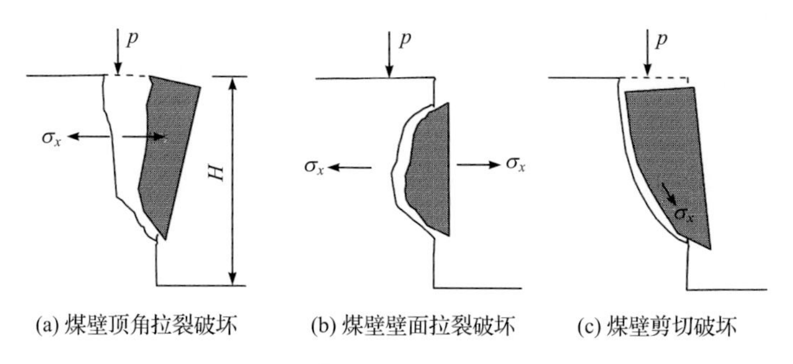

图 1.10 煤壁片帮破坏的形式[100]
p-煤壁所受压力；σ_x-剪应力；H-煤壁高度

袁永等将“三软”煤壁的片落体看成一个空间楔形体，建立了煤壁“楔形”滑动体稳定性分析相关的模型，提出了控制煤壁稳定性要通过提高支架初撑力、工作面推进速度等技术措施实现[102]。

杨胜利等根据对瑞隆煤矿 8101 综放工作面的现场调研，研究厚煤层煤壁破坏的机理及其主要破坏形式，采用 UDEC 数值模拟软件研究得出合理注浆孔径，探讨了棕绳直径大小与注浆加固的合理关系[92]。

1.2.4 存在的问题

大采高开采方法在国内外都得到普遍应用，相关学者针对大采高一次采全高所导致的地表沉陷明显、顶板压力大和煤壁片帮严重等问题进行了大量研究，形成了许多有价值的研究成果，对指导现场工程实践和释放大采高工作面生产潜能具有重要意义。目前的大采高工作面均指采高小于 7.0m 的长壁工作面，而本书介绍对象为 8.8m 大采高超大空间浅埋采场，以往没有类似工程实践的研究。

埋深浅、采出空间大，回采工作对覆岩的扰动程度和范围升高，必然引起覆岩破断运动规律、顶板结构形态及煤壁破坏特征的改变，为有效控制上述变化带来的不确定性，保证超大采场空间的安全高效回采，需要确定所需的支架参数，并对新型液压支架进行重新设计和研制。

1.3 本书内容及研究方法

1.3.1 本书内容

(1) 浅埋 8.8m 大采高工作面覆岩破断和运动规律揭示。分析不同层位、不同厚度和岩体强度岩层的断裂条件和断裂位置；探究采高和推进速度变化对覆岩破断特征的影响；研究采高增大对覆岩垮落带、裂隙带和弯曲下沉带发育高度和演化特征的影响；确定 8.8m 大采高工作面前方支撑压力分布特征，工作面后方采空区应力恢复特征，分析采高变化对支撑压力区、顶板卸荷区和应力恢复区的影响。

(2) 8.8m 大采高浅埋工作面顶板结构形态确定与稳定性分析。确定对 8.8m 大采高超大空间浅埋采场影响程度最大的岩层层位；得到基本顶初次来压和周期来压形成的顶板结构形态、结构运动和失稳特征；分析顶板结构稳定性，得到顶板结构存在的失稳形式、顶板结构的极限平衡位置，建立顶板结构的失稳条件。

(3) 超高煤壁破坏特征与片帮机理解译。研究 8.8m 超高煤壁的破坏特征，确定煤壁破坏现象，高频率发生的时间和破坏形式，确定采高、长度和速度对煤壁的影响；对超高煤壁的稳定情况进行分析，探究破坏发生的内在原因，构建表征煤壁稳定性的安全系数，分析煤壁安全系数的影响因素及煤壁自稳能力对各影响因素的敏感度。

(4) 超大空间采场液压支架选型与新型液压支架研制。提出适用于 8.8m 超大空间采场的顶板压力确定方法，指导支架强度的确定；提出 8.8m 超高煤壁最大允许变形量的确定方法，指导支架刚度的确定，提出围岩控制方法。

1.3.2 研究方法

1) 理论分析

采用上下限定理分析不同层位、不同厚度和不同强度的顶板岩层断裂步距和断裂线位置；结合岩石力学行为的应力路径效应分析采高和推进速度对覆岩破断特征的影响；根据最小势能原理剖析顶板结构稳定性，推导结构失稳的极限位置，确定失稳发生时顶板结构的极限下沉量；采用岩石塑性流动理论分析煤壁破坏机理，确定煤壁的最大允许变形量，探究煤壁破坏同煤体变形局部集中化现象的内在联系；根据能量守恒和冲量守恒原理提出顶板压力估算方法。

2) 室内实验

采用岩石力学参数实验确定煤体及覆岩的力学特性和强度特征，分析煤岩力学行为的加载速率效应和应力路径效应；采用相似模拟实验研究 8.8m 大采高工作面超大空间浅埋采场“三带”发育和演化特征，确定工作面前方支撑压力和工作面后方采空区应力恢复特征，根据顶板破断运动同支架工作阻力之间的关系，判断对工作面矿压影响最为强烈的岩层层位，确定基本顶结构形态和失稳特征及工作面推进过程中支架的受力特征。

3) 数值模拟

采用 3DEC 数值模拟研究 8.8m 大采高超大空间浅埋采场覆岩破断规律影响因素、顶板结构形态及其稳定性影响因素，煤壁破坏特征及影响因素；采用 FLAC 3D 软件模拟研究 8.8m 大采高超大空间浅埋采场推进过程中覆岩下沉特征，工作面前方三维支撑压力场分布特征及迁移特征，工作面后方垂直应力场恢复特征。

4) 现场实测

采用深基点观测 8.8m 大采高超大空间浅埋采场推进过程中覆岩离层和断裂特征，确定顶板的实际断裂步距和断裂线位置，验证理论分析结果的正确性；采用支架阻力实时监测系统记录支架工况，研究支架阻力同工作面推进距离、推进速度及顶板破断运动特征之间的关系；采用采动应力实时监测系统对工作面前方支撑压力和工作面后方采空区垂直应力进行监测。

1.4 技术路线

根据本书主要内容和研究方法绘制的技术路线如图 1.11 所示。

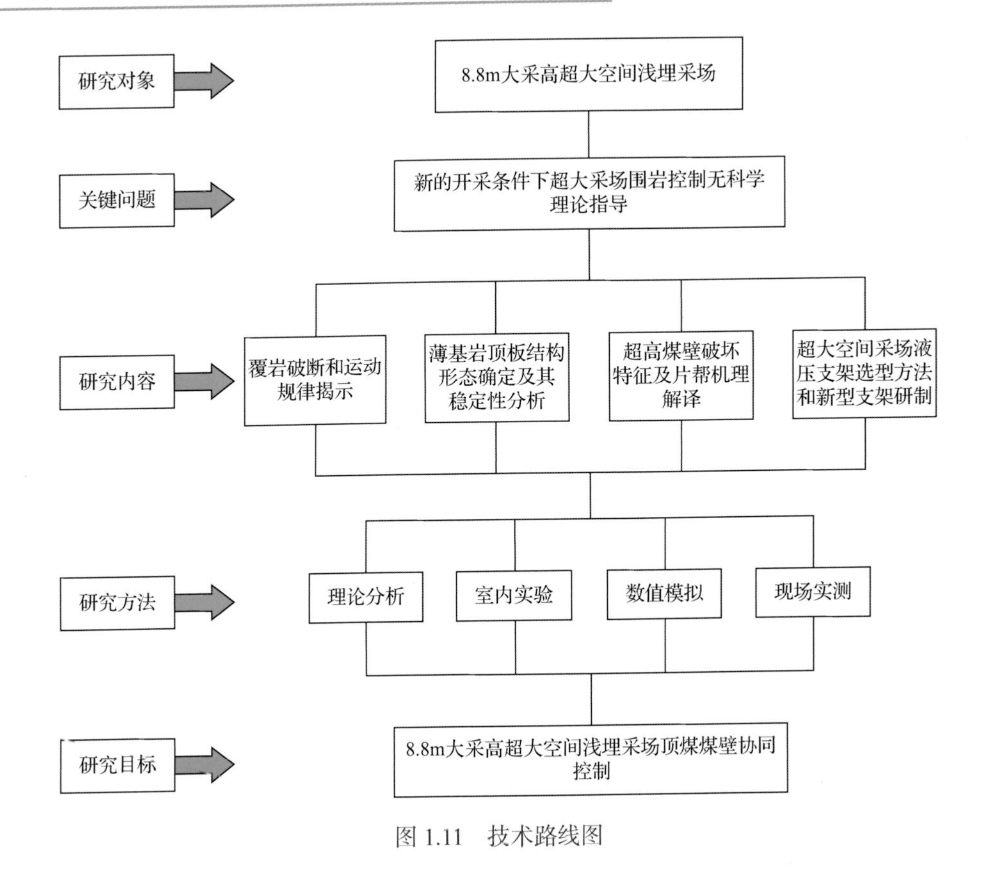
研究对象
8.8m大采高超大空间浅埋采场
关键问题
新的开采条件下超大采场围岩控制无科学理论指导
研究内容
覆岩破断和运动规律揭示
薄基岩顶板结构形态确定及其稳定性分析
超高煤壁破坏特征及片帮机理解译
超大空间采场液压支架选型方法和新型支架研制
研究方法
理论分析
室内实验
数值模拟
现场实测
研究目标
8.8m大采高超大空间浅埋采场顶煤煤壁协同控制

图 1.11　技术路线图

第2章

浅埋 8.8m 大采高采场矿压显现特征

上湾煤矿 12401 工作面煤层最大采高为 8.8m。本章对上湾煤矿 12401 工作面工程地质条件、工作面及配套设备参数进行现场调研，采用多种实测手段对工作面煤岩力学性质、顶板压力分布特征、高帮煤壁破坏特征、微震事件分布特征、覆岩“三带”发育特征和地表裂隙发育特征开展研究，得到浅埋 8.8m 大采高条件下采场矿压显现特征。

2.1 工作面开采条件

2.1.1 工程地质条件

上湾煤矿基本构造形态是单斜构造，岩层走向 N25°W，倾向 S65°W，倾角为 1°～3°，局部岩层面小的褶曲起伏，宽度不大，最大约为 5m。总的来说，即使本区存在部分小的断层，井田构造仍属于简单型。该煤矿井田有 5 层煤层，总厚度为 16.50m。其中，可采煤层 3 层，总厚度为 13.95m，各煤层分布情况和赋存特征如下。

1) 1^2 上煤层

1^2 上煤层赋存于延安组上岩段($J_{1\text{-}2}y^3$)上部，是 1^2 煤层的上分支层，煤层厚度为 0～2.04m，平均厚度为 1.12m。井田共有 105 个钻孔，其中 45 个钻孔见煤，有 39 个厚度大于 0.80m 的钻孔。

2) 1^2 煤层

1^2 煤层位于延安组上岩段($J_{1\text{-}2}y^3$)中部，厚度为 0～9.35m，见煤钻孔共 99 个，有 88 个达到了最低可采厚度 0.80m。整个煤层的平均厚度为 5.21m。含夹矸 0～3 层，厚度为 0～0.92m，平均为 0.26m。夹矸岩性多为泥岩，透镜状分布。顶底板岩性多为粉砂岩和砂质泥岩。

3) 1^2下煤层

1^2下煤层是1^2煤层的一个分支煤层，共有见煤钻孔45个，有15个达到最低可采厚度0.80m。全煤层厚度为0～1.38m，平均厚度为0.66m，可采厚度为0.85～1.38m，可采范围较小，属于局部可采煤层。

4) 2^2煤层

2^2煤层位于延安组上岩段($J_{1-2}y^2$)的上部，煤层厚度为4.15～7.18m，平均为6.18m。含夹矸0～3层，夹矸厚度为0～0.66m，平均为0.17m。顶板岩性一般为泥岩和砂质泥岩，底板岩性一般为砂质泥岩和粉砂岩。

5) 3^1煤层

3^1煤层位于延安组上岩段($J_{1-2}y^2$)的中部，厚度为1.15～3.16m，平均为2.67m，含有夹矸0～1层，结构比较简单，属于稳定型煤层。

上湾煤矿1^2煤层埋深为89～236m，煤层瓦斯相对含量为0.00013m^3/t，煤层自然发火期为40～60d，煤层煤尘爆炸指数为30.5%，煤层厚度为7.96～9.26m，平均为8.80m，煤层倾角为1°～3°。12401工作面所在的四盘区煤层厚度等值线如图2.1所示，总体变异性较小，赋存稳定，适合采用大采高开采技术。

上湾煤矿采用平硐开拓，巷道掘进的方式选用负坡，混合抽出式通风，南回风井风量为1600m^3/min，风压为1250Pa；北回风井风量为1200m^3/min，风压为1850Pa。首采工作面长度为260m，推进距离为5400m，可采面积为1572236.16m^2，资源储量为1652.5万t，地面标高为1188～1300m；煤层底板标高为1043～1066m。设计采高为8.8m，采用综合机械化一次采全高采煤方法，工作面通风方式为“U”形通风。12401工作面对应地表为石灰沟村特拉豪社、岗房沟社、武家塔梁社。综采面对应地表有多条民用线路，住户若干，距综采面主回撤通道1120～1660m有一条运煤公路斜穿综采面，距离综采面主撤通道652m有一座信号塔。工作面开采过程中，受到地表河流、沟谷等特殊地形条件的影响。

12401工作面地表松散层厚度等值线和基岩厚度等值线分别如图2.2和图2.3所示。工作面上覆松散层厚度为0～25m，主要是土黄色中、细粒风积砂，松散未固结；上覆基岩厚度为110～220m，主要岩性由粉砂岩、粗粒砂岩、中粒砂岩、细粒砂岩、粉砂岩、砂质泥岩、泥岩组成。12401工作面煤层顶底板情况如表2.1所示。12401工作面基本顶为砂质泥岩，抗压强度为11.3～13.2MPa，普氏系数约1.32，坚固性较低，属不坚硬类不稳定型；直接顶为灰白色细粒砂岩，抗压强度为13.3～15.2MPa，普氏系数约1.35，坚固性较强，属坚硬类不稳定型；伪顶为灰色泥岩，抗压强度为14.5～36.6MPa，普氏系数约2.32；直接底为黑灰色泥岩，抗压强度为 12.6～17.5MPa，普氏系数约 1.86。

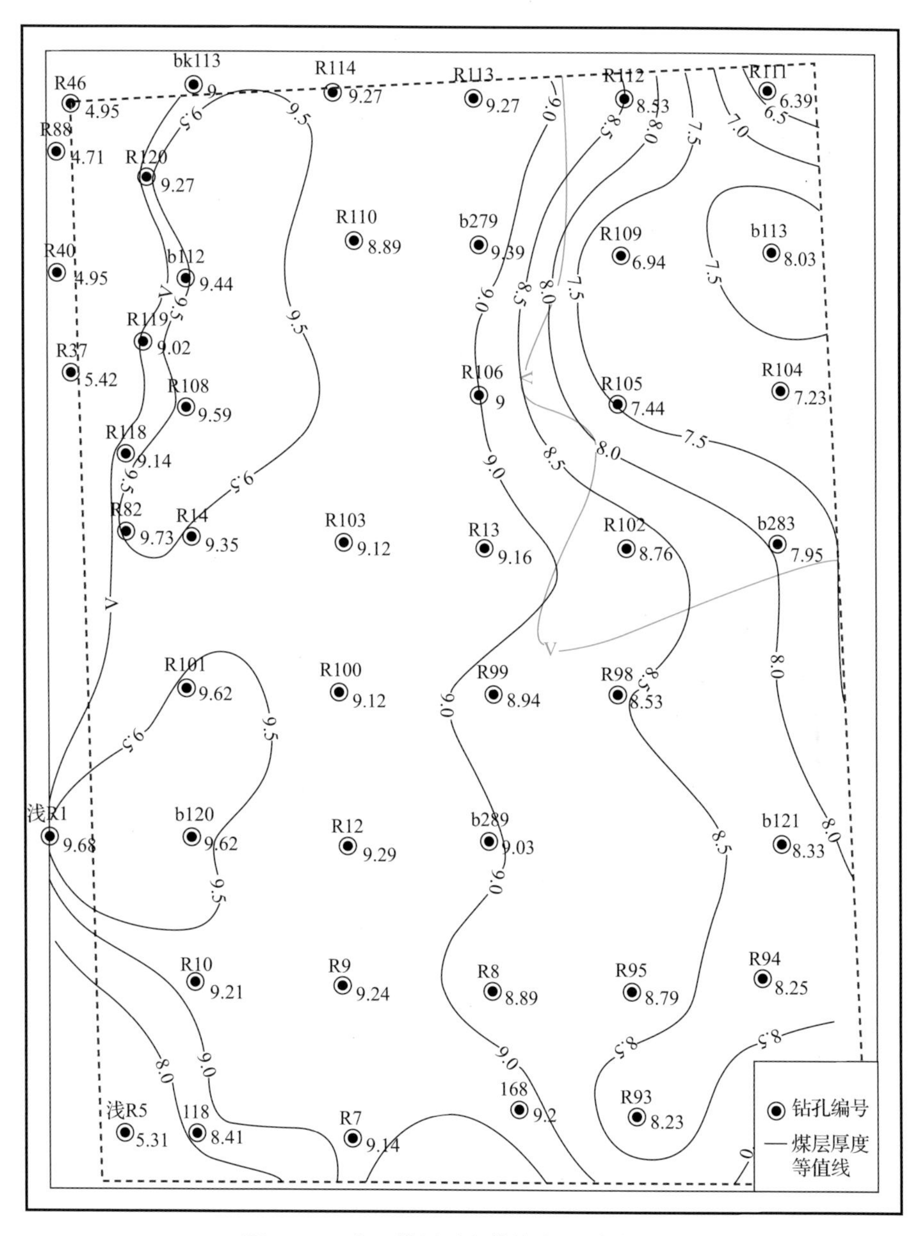

图 2.1　四盘区煤层厚度等值线图(单位：m)

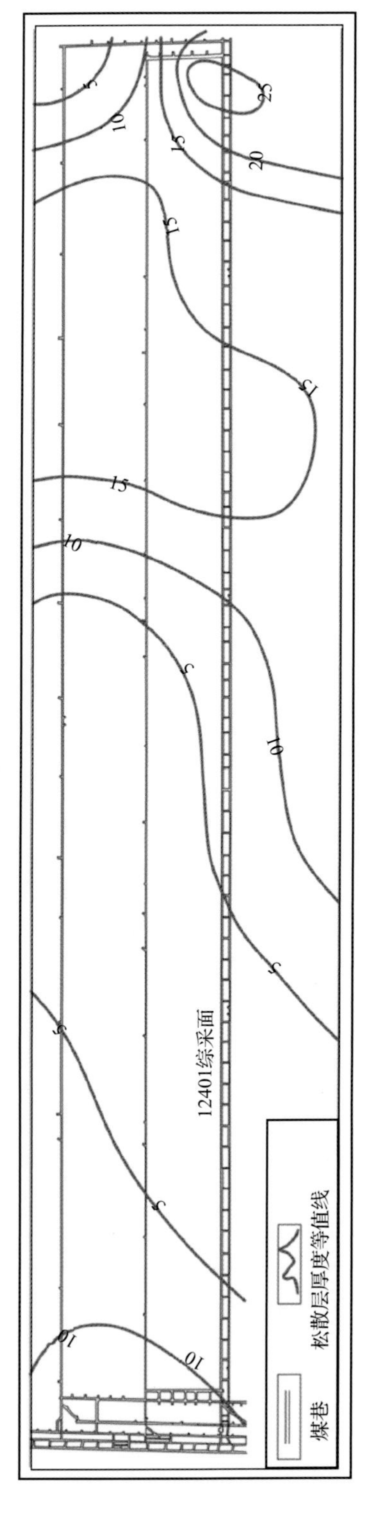

图2.2　12401工作面地表松散层厚度等值线图(单位：m)

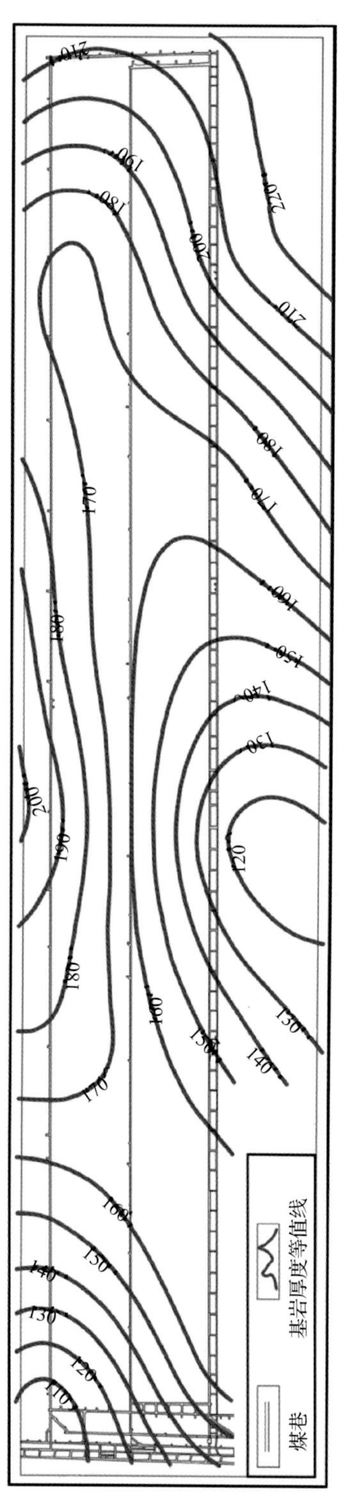

图2.3　12401工作面地表基岩厚度等值线图(单位：m)

表 2.1 12401 工作面煤层顶底板情况

顶底板	岩石名称	厚度/m	岩性特征
基本顶	砂质泥岩	1.99～3.81	灰黑色，砂泥质结构，断口平坦，致密，水平层理，有少量植物化石，与下层渐变关系
直接顶	细粒砂岩	2.10～8.07	灰白色，细粒砂状结构，分选性好，孔隙式泥质胶结，含植物化石
伪顶	泥岩	0.52～1.75	灰色，泥质结构，断口平坦，致密，含植物化石，块状构造
直接底	泥岩	0.96～1.29	黑灰色，泥质结构，断口平坦，致密，块状构造，含植物化石

2.1.2 工作面及配套设备参数

12401 工作面走向长 299.2m，推进距离为 5254.8m，沿煤层走向布置三条巷道，分别为辅运巷道、运输巷道和回风巷道。辅运巷道主要用于运料、进风、行人；运输巷道主要用于运煤、进风、设置移变列车；回风巷道主要用于回风、行人。12401 综采工作面巷道布置详见图 2.4 所示。综采工作面沿倾斜布置，以正坡推进为主，回采工作主要使用倾斜式长壁后退法去开采全部垮落区、处理采空区的综合机械化采煤法。

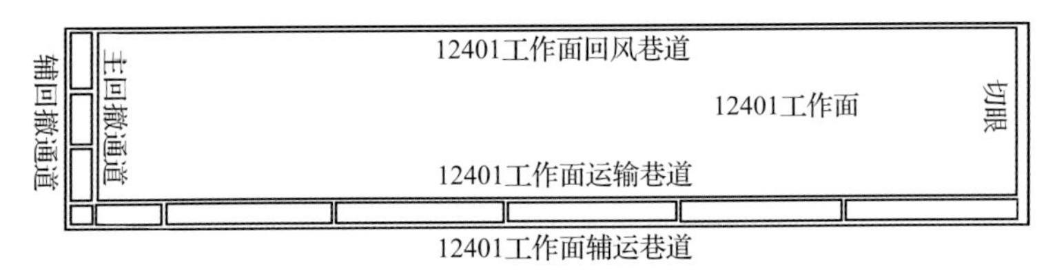

图 2.4 12401 综采工作面巷道布置

采煤机采用中煤科工集团上海有限公司研制的 MG110/2925-WD 型交流电牵引采煤机，机器最大截割高度可达 8.6m，最小截割高度可达 4.3m。工作面的液压支架使用郑州煤矿机械集团股份有限公司所生产的 ZY26000/40/88D 型双柱式支撑掩护的液压支架，支撑高度为 4.0～8.8m，支架初撑力可以达到 19782kN，工作阻力为 26000kN。端头液压支架型号为 ZYT26000/30/55D，支护范围为 3.0～5.5m；大侧护支架型号为 ZYG26000/40/88D(A/B)，支护范围为 4.0～8.8m，移架步距为 865mm。刮板输送机为江苏连云港天明公司生产的 SGZ1388/4800 型，该刮板输送机使用变频的软启动的传动装置，最大水平弯曲可达 0.42°，垂直弯曲度不超过 2.6°。泵站采用北京华海基业机械设备有限公司提供的超大流量成套泵站，使用乳化液泵，额定压力可达 37.5MPa，设备额定流量为 1350L/min，共使用 3 台泵站。喷雾泵最大压力可达 16MPa，其额定流量为 1092L/min，共使用 2 台喷雾泵。机器高压增压泵的最大压力为 42MPa，额定流量为 250L/min，共 2 台。胶带机头破碎机功率为 900kW。工作面配套设备主要技术参数见表 2.2。

表 2.2　工作面配套设备主要技术参数

设备名称	型号	数量	主要技术参数
采煤机	MG1100/2925-WD	1	总功率为 2925kW，供电电压为 3300V，滚筒直径为 4300mm，滚筒总宽为 1090mm，滚筒截深为 865mm，滚筒中心距为 17780mm，采高为 4.3～8.6m，机身高度为 4.2m，质量为 220t，最大牵引力为 982kN，生产能力为 6000t/h
液压支架	ZY26000/40/88D	118	支架形式为双柱支撑掩护式，护帮板长度为 4130mm，工作阻力为 26000kN，初撑力为 19782kN，支护范围为 4.0～8.8m，移架步距为 865mm，伸缩梁长度为 900mm，支架中心距为 2400mm
端头液压支架	ZYT26000/30/55D	6	支架形式为双柱支撑掩护式，工作阻力为 26000kN，支护范围为 3.0～5.5m，移架步距为 865mm，伸缩梁长度为 900mm，支架中心距为 2400mm
大侧护支架	ZYG26000/40/88D (A/B)	2	支架形式为双柱支撑掩护式，工作阻力为 6000kN，支护范围为 4.0～8.8m，移架步距为 865mm，伸缩梁长度为 900mm，支架中心距为 2700mm
过渡支架	ZYG26000/40/88D	2	支架形式为双柱支撑掩护式，工作阻力为 6000kN，支护范围为 4.0～8.8m，移架步距为 865mm，伸缩梁长度为 900mm，支架中心距为 2400mm
刮板输送机	SGZ1388/4800 型	1	功率为 3×1600kW，链速为 1.67m/s，运输能力为 6000t/h，溜槽尺寸(长×内宽×高)为 2400mm×1388mm×495mm，链条尺寸为 60mm/136mm×181mm/197mm，链中心距为 330mm
转载机	SZZ1588/700kW	1	溜槽内宽为 1576mm，运输长度为 38.8m，圆环链规格为 38mm×126mm，电机功率为 700kW，上倾角度≥10°
泵站	超大流量成套泵站	1	3 台乳化液泵额定压力为 37.5MPa，额定流量为 1350L/min；2 台喷雾泵最大压力为 16MPa，额定流量为 1092L/min；2 台机器高压增压泵最大压力为 42MPa，额定流量为 250L/min
自移列车	迈步式自移列车	1	外形尺寸为 300000mm×1400mm×5000mm，适应倾角为 0°～7°，适应巷道高度为 1850～5000mm，迈步步距为 2m
胶带机头破碎机	2PLF140/360	1	破碎能力为 5000t/h，最大输出粒度为 300mm，电机功率为 2×450kW，入料粒度可达 1500mm，外形尺寸(长×宽×高)为 8721mm×4212mm×1830mm

2.2 工作面煤岩力学性质

煤岩强度是决定工作面煤壁稳定及来压步距等矿压显现特征的主要因素，为测试煤岩物理力学参数，在 12401 工作面钻取岩芯共计 100 个，其中顶板岩芯 60 个，底板岩芯 28 个，煤芯 12 个。将钻取的岩芯在实验室加工成标准圆柱体试件与立方体试件，并进行抗压实验和剪切实验，其中的部分煤岩样标准试件如图 2.5 所示。

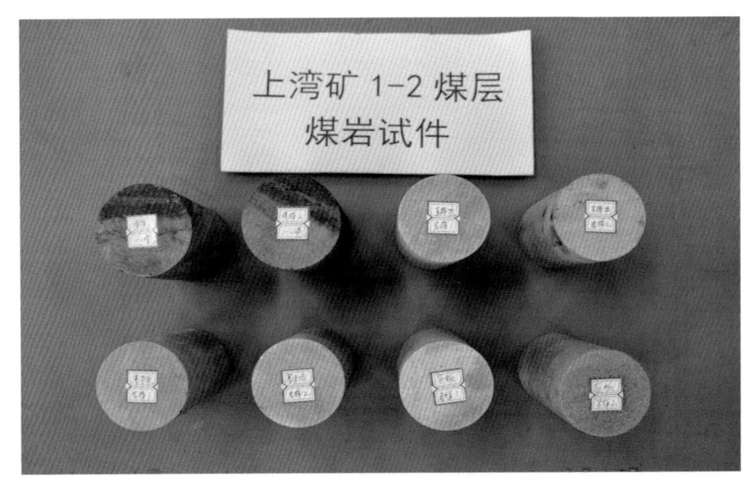

图 2.5　部分煤岩样标准试件

1. 煤岩密度与孔隙率

将已经准备好的煤岩粉试件在 105～110℃的温度下干燥 24h 后取出，然后放在干燥的容器中冷却至室温。将蒸馏水煮沸后冷却至室温，将 100mL 的比重瓶清洗干净，然后注入体积为容器三分之一量的蒸馏水，并擦干比重瓶的外表面。采用四分法缩分称取 15g 煤岩粉试件，倒入盛有容器体积三分之一量的蒸馏水的比重瓶中。将盛有蒸馏水和煤岩粉试件的比重瓶轻放在沙浴或水浴上煮沸，再继续加热 1～1.5h。将煮沸后的比重瓶冷却至室温，然后加入蒸馏水至近满，称量比重瓶、蒸馏水和煤岩粉总质量。重复上述步骤，测定比重瓶和蒸馏水的质量。煤岩密度与孔隙率测定情况如图 2.6 所示。

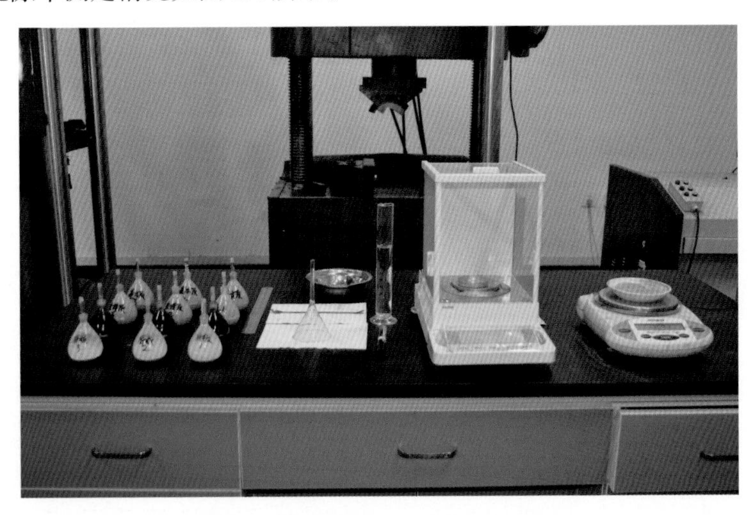

图 2.6　煤岩密度与孔隙率测定情况

12401 工作面煤岩真密度、视密度和孔隙率分别见表 2.3、表 2.4 和表 2.5。由表可知，煤岩平均真密度为 1429～2786kg/m³，平均视密度为 1339～2525kg/m³，平均孔隙率为 5.21%～13.90%。

表 2.3　煤岩真密度

煤岩名称	比重瓶编号	试样质量/g	比重瓶、试样和蒸馏水总质量/g	比重瓶和满瓶蒸馏水质量/g	真密度/(kg/m³)	平均真密度/(kg/m³)
基本顶	1	15.00	150.48	141.29	2618	2664
	2	15.00	149.43	140.00	2692	
	3	15.00	150.06	140.65	2683	
直接顶	1	15.00	145.71	136.23	2717	2658
	2	15.00	147.20	137.81	2673	
	3	15.00	144.82	135.62	2585	
煤体	1	15.00	138.74	134.28	1423	1429
	2	15.00	144.73	140.11	1445	
	3	15.00	144.70	140.28	1418	
底板	1	15.00	148.34	138.76	2766	2786
	2	15.00	144.29	134.60	2824	
	3	15.00	147.08	137.50	2767	

表 2.4　煤岩视密度

煤岩名称	序号	试件尺寸/cm		试件质量/g	视密度/(kg/m³)	平均视密度/(kg/m³)
		直径	高度			
基本顶	1	7.05	14.99	1532.13	2581	2525
	2	7.04	15.14	1500.03	2545	
	3	7.04	15.23	1450.98	2448	
直接顶	1	7.02	15.09	1447.59	2479	2516
	2	7.01	14.92	1466.40	2547	
	3	7.05	15.02	1478.88	2522	
煤体	1	7.68	15.33	962.95	1356	1339
	2	7.63	15.19	910.78	1311	
	3	7.61	15.07	926.20	1351	
底板	1	7.05	14.99	1456.23	2489	2420
	2	7.03	15.14	1367.60	2327	
	3	7.05	15.23	1452.86	2444	

表 2.5　煤岩孔隙率

煤岩名称	序号	天然视密度/(kg/m^3)	真密度/(kg/m^3)	孔隙率/%	平均孔隙率/%
基本顶	1	2581	2618	1.41	5.21
	2	2545	2692	5.46	
	3	2448	2683	8.76	
直接顶	1	2479	2717	8.76	5.30
	2	2547	2673	4.71	
	3	2522	2585	2.44	
煤体	1	1356	1423	4.71	6.23
	2	1311	1445	9.27	
	3	1351	1418	4.72	
底板	1	2489	2766	10.01	13.90
	2	2327	2824	17.60	
	3	2444	2767	11.67	

2. 煤岩变形参数

本次实验采用标准圆柱体试件，并将电阻片粘贴于试件的高度方向的中部，尽量避免碰到裂隙、节理及伟晶处。每个试件对称两侧中部纵向和横向均粘贴电阻片。最后在电阻片的尾端引线并使用绝缘导线焊接，在焊接前需要对导线进行固定，以防止在碰动导线时造成对电阻片的破坏。在开启材料实验机器之前，应该将试件放置在实验机器承压板块的中心位置，这样做的目的是使试件上部和下部都处于均匀受力状态，最后以 0.5～1.0MPa/s 的加载速度对试件进行加载，直到试件完全破坏为止。记录破坏载荷及加压过程中出现的现象，并对破坏后的试件进行描述或摄影，具体设备见图 2.7。在应力–应变曲线上直线段的斜率为切线模量，可按式(2.1)计算：

$$E_t = \frac{\sigma_b - \sigma_a}{\varepsilon_b - \varepsilon_a} \tag{2.1}$$

图 2.7　煤岩单轴抗压实验

式中，E_t——试件的弹性模量，又称切线模量，MPa；

σ_a——试件的应力-应变曲线中直线段处的初始应力值，MPa；

σ_b——试件的应力-应变曲线中直线段处的最终应力值，MPa；

ε_a——试件的应力-应变曲线中直线段处的初始应变值，με；

ε_b——试件的应力-应变曲线中直线段处的最终应变值，με。

实验所得煤岩应力-应变曲线如图 2.8 所示。岩石应力-应变曲线可分为原生

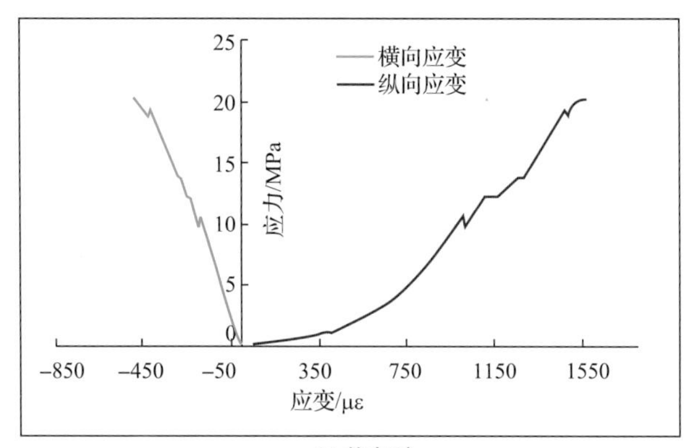

(a) 基本顶

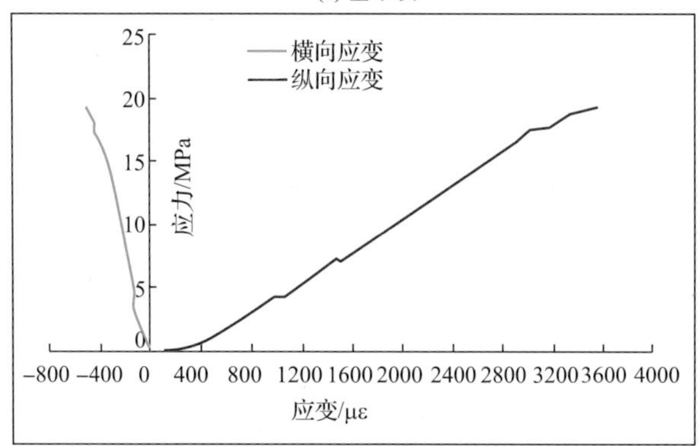

(b) 直接顶

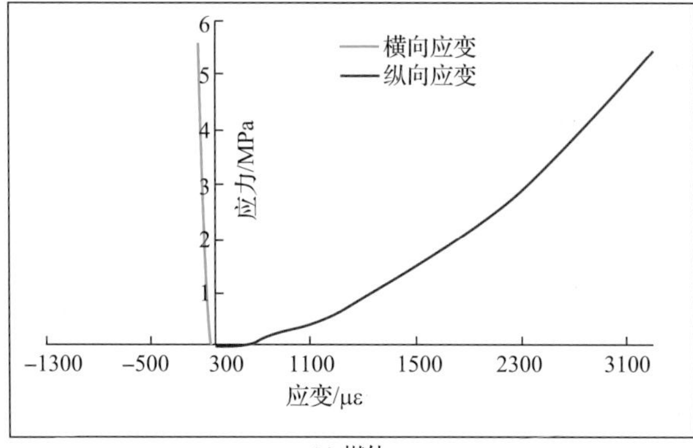

(c) 煤体

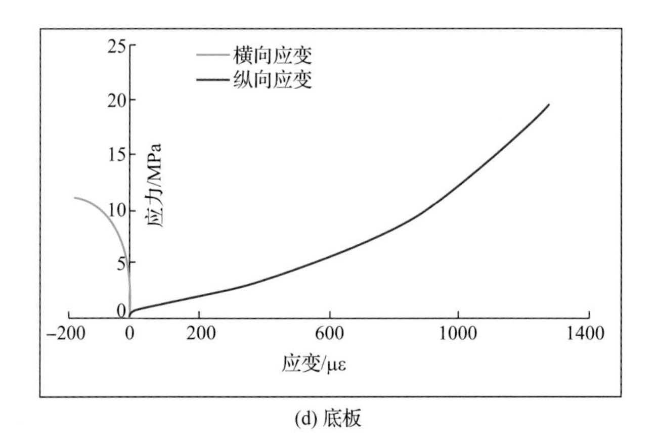

(d) 底板

图 2.8　煤岩应力–应变曲线

裂隙闭合段、线弹性变形阶段、应变硬化阶段和峰后破坏阶段，煤体则在线弹性变形阶段后发生脆性破坏。煤岩试件均表现为劈裂破坏形态，表明开采过程中揭露围岩发生拉伸破断，弹性应变能的突然释放容易造成动载冲击现象。

根据实验所得应力–应变数据，得到煤岩弹性变形参数如表 2.6 所示。煤体弹性模量小于顶底板岩石弹性模量，但其平均值达到 23.872GPa，明显大于煤体弹性模量的经验数值。因此，工作面开采中煤体更容易出现应力集中现象，此外，较大的泊松比表明揭露煤体容易表现出横向大变形现象。

表 2.6　煤岩弹性变形参数

煤岩名称	序号	试件尺寸/cm		破坏载荷/kN	弹性模量/MPa	平均弹性模量/GPa	泊松比	平均泊松比
		直径	高度					
基本顶	1	7.17	15.24	84.04	29925	30.943	0.25	0.27
	2	7.04	14.94	104.00	31961		0.29	
直接顶	1	7.02	15.09	81.06	39911	40.313	0.24	0.23
	2	7.01	14.92	110.70	40715		0.22	
煤体	1	7.68	15.33	34.68	19260	23.872	0.24	0.25
	2	7.63	15.19	28.38	28485		0.26	
底板	1	7.05	14.99	82.78	20359	47.350	0.22	0.22
	2	7.04	15.14	62.86	74341		0.21	

3. 煤岩抗拉强度

采用圆盘试件进行巴西劈裂实验，以确定煤岩抗拉强度，如图 2.9 所示。将煤岩试件放置在材料实验机器承压板中心的位置，这样做的目的是使煤岩试件的上面和下面都处于受力均匀状态，并施加 0.03～0.05MPa/s 的加载速度，直到煤岩试件完全破坏才停止加载。记录在加载过程中所产生的一些力学现象等，最后对加载破坏后的试件表面进行详细和系统的描述，并且数码摄像等。

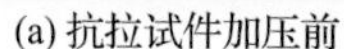

(a) 抗拉试件加压前

(b) 抗拉试件破坏后

图 2.9　煤岩巴西劈裂实验

由实验所得煤岩抗拉强度如表 2.7 所示。煤体最大抗拉强度达到 2.12MPa，明显小于岩石抗拉强度，煤层顶底板岩石抗拉强度均大于 5.5MPa。

表 2.7　煤岩抗拉强度

煤岩名称	序号	试件尺寸/cm		破坏载荷/kN	抗拉强度/MPa	平均抗拉强度/MPa
		直径	高度			
基本顶	1	7.05	3.42	27.76	7.34	6.72
	2	7.09	3.55	27.42	6.94	
	3	7.06	3.26	21.2	5.88	
直接顶	1	7.05	3.49	24.44	6.32	6.30
	2	7.05	3.25	22.44	6.25	
	3	7.06	3.57	25.02	6.33	
煤体	1	7.57	3.70	9.32	2.12	2.10
	2	7.66	3.80	9.51	2.08	
	3	7.66	3.60	9.10	2.10	
底板	1	7.05	3.48	23.42	6.08	6.37
	2	7.04	3.48	28.54	7.42	
	3	7.04	3.66	22.66	5.61	

4. 煤岩抗剪强度参数

对立方体煤岩试件进行剪切实验，得到不同正应力条件下煤岩抗剪强度变化趋势，如图 2.10 所示。随着正应力的增大，煤岩抗剪强度呈线性增加的趋势，对散点的拟合分析可得到煤岩内聚力和内摩擦角。

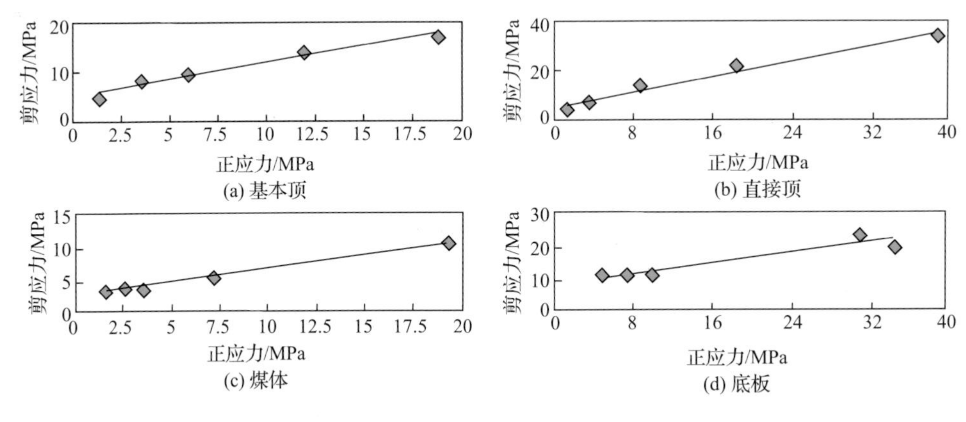

图 2.10 不同正应力条件下煤岩剪应力变化趋势

由实验数据得到煤岩物理力学参数如表 2.8 所示，包括煤岩弹性模量、泊松比、孔隙率、内聚力、内摩擦角、抗压强度和抗拉强度等参数值，煤岩物理力学参数为理论分析和数值计算奠定基础。

表 2.8 煤岩物理力学参数

煤岩名称	真密度/(kg/m³)	视密度/(kg/m³)	含水率/%	抗压强度/MPa	紧固性系数	抗拉强度/MPa	弹性模量/GPa	泊松比	孔隙比/%	孔隙率/%	内摩擦角/(°)	内聚力/MPa
基本顶	2664	2537	2.59	22.79	2.28	6.72	30.94	0.27	5.60	5.21	34.30	4.99
直接顶	2658	2516	1.98	23.80	2.38	6.30	40.31	0.23	5.68	5.30	38.49	5.26
煤体	1429	1339	14.96	15.98	1.60	2.10	23.87	0.25	6.71	6.23	34.66	2.32
底板	2786	2420	3.68	16.11	2.61	6.37	47.35	0.22	15.24	13.09	33.22	7.63

2.3 顶板压力分布特征

2.3.1 初次来压顶板压力特征

初采期间，12401 工作面推出开切眼后，顶板逐渐垮落，采空区直接顶垮落完全后，采高控制在 6.5～7.0m。初次来压支架压力分布如图 2.11 所示，工作面支架压力一般为 250～300bar(1bar = 0.1MPa)，煤壁较硬，完整性较好，采煤困难。受煤体坚硬、煤机和泵站的故障影响，平均每班 1～2 刀，最多 4 刀。由于本工作面切眼倾斜，机头滞后机尾 9m，端头强制放顶后，机头出口小，一直加机头甩机尾调整工作面。机头推进至 30m，机尾推进至 18m，工作面基本顶尚未断裂，但即使停采期间，顶板已有下沉现象，工作面支架已有压力显现，详见图 2.11。现场作业发现，2018

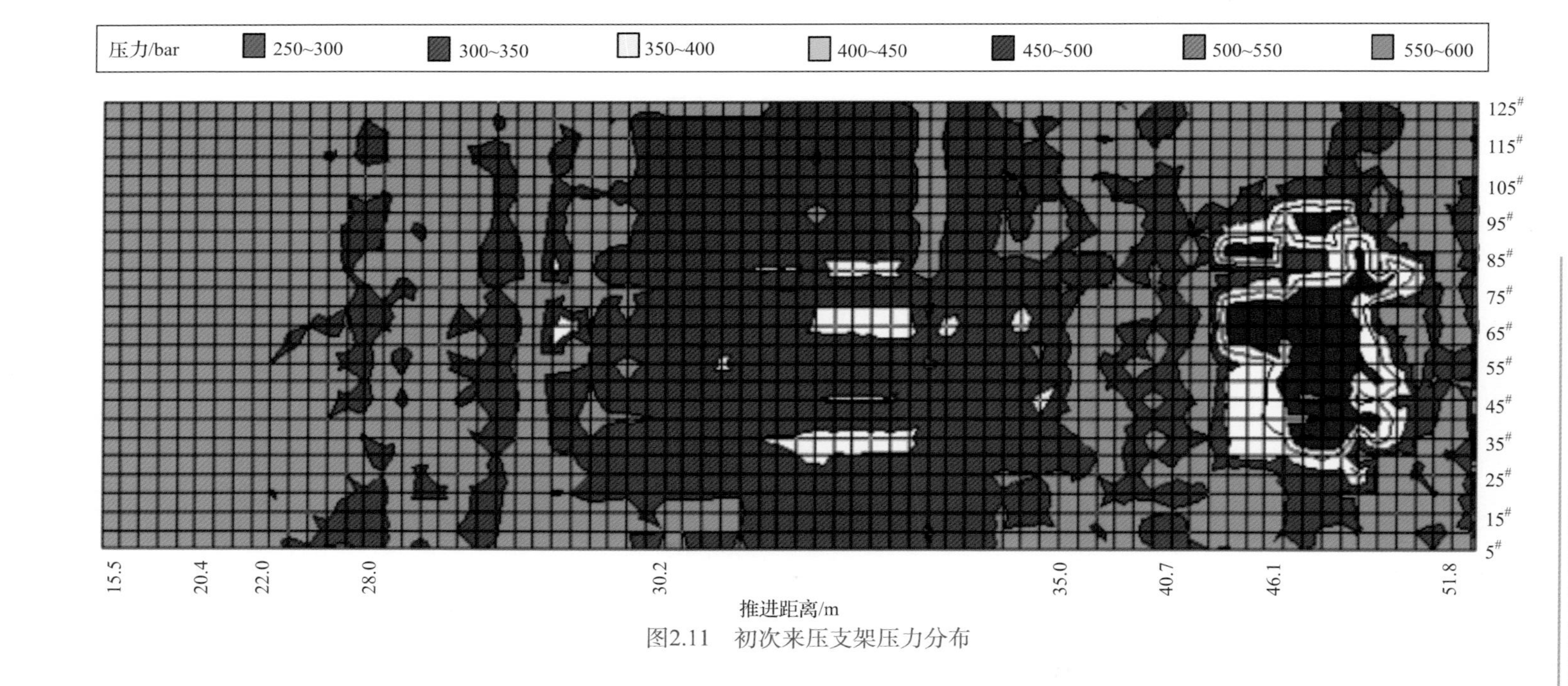

图2.11　初次来压支架压力分布

年 3 月 29 日夜班开始，全工作面支架压力超过 300bar，从 3 月 29 日～4 月 7 日工作面停机更换摇臂期间，压力逐渐升高 340～370bar，其中 30#～45#、65#～80#最大。停机期间，采取顶板控制措施，期间工作面煤壁平直，无明显片帮，生产中在煤机附近有炸帮现象。

12401 工作面恢复生产后，煤壁相对完整，在机头推进至 32m(机尾 20m)时，机尾垮落一次，紧跟工作面端头支架，在机头推进至 40m(机尾 27m)时，机头垮落，紧跟工作面，在此期间工作面压力一般在 300～330bar，个别支架达到 350bar，工作面机头段出现一次采空区顶板垮落，但强度不大。2018 年 4 月 10 日早晨 7:30，12401 工作面支架压力增大，30#～95#压力普遍超过了 400bar，最高达到了 510bar，超过安全阀开启值 47.2MPa，以 35#～80#最强，持续时间最长，来压时工作面机头已推进 45m，机尾推进 34m，压力持续到 4 月 11 日 2:00，持续距离为 5m(6 刀)。统计得知，工作面初次来压推进距离为 45m(不含切眼宽度 11.4m)，来压步距持续 5m。

2.3.2 周期来压期间

从 2018 年 4 月 11 日初次来压，至 4 月 26 日发生局部漏顶期间，共推进 79m，工作面推进速度慢，平均 5.2m/d，共统计周期来压 7 次，平均步距为 10m。周期来压支架压力分布见图 2.12。

第 1～2 次周期来压期间，煤壁破坏和冒顶现象严重，支架压力普遍超过 420bar，但没有出现压架和工作面停机等事故。第 3 次周期来压时，由于工作面带压停机 2d，工作面顶板破碎，随后正常生产期间出现漏矸严重的情况，掉落大块，现场采取超前锚杆等措施后将顶板支护住。在第 4 次和第 5 次来压期间，由于故障影响多，推进速度慢，再次出现漏矸的情况。由于直接顶留设少，60#～90#漏矸严重，采高达到了 8.5～8.8m，难以维护，在持续加刀、降采高等措施后，漏矸得到控制。第 6 次来压较小，主要在机头 25#～50#。第 7 次来压较强，从 2018 年 4 月 24 日开始出现来压迹象，由于工作面采高大，40#～95#来压强烈，泵站影响使 24～25 日停机时间长，导致工作面来压特别强烈，但工作面液压支架压力不足，勉强拉架造成支架架型差，工作面漏顶加剧，60#～90#有不同程度的漏顶，以 69#～87#最严重；26 日时工作面漏顶严重区域因垮落大块，已无法推溜和继续生产，矿方决定停机注高分子材料的方法处理冒顶。从统计来看，本阶段周期来压步距为 8～11m，步距较短，但由于采高大，来压强度大，普遍达到 450bar 以上，中部区域能达到 470～520bar，来压时顶板掉落大块矸石，常造成卡死煤机和运输机现象，对现场生产造成较大影响。

从 2018 年 5 月 6 日到 6 月 1 日推进 170m，推进速度为 6.8m/d，共出现 14 次周期来压，平均步距为 12m，来压分两个阶段。第一阶段是 130～249.7m，这期间来压步距较小，存在“两小一大”的规律，两次小来压步距约为 15m，随后的一个大来压步距较小，一般为 8～11m，最小的有 5m。来压强度上存在两次较强

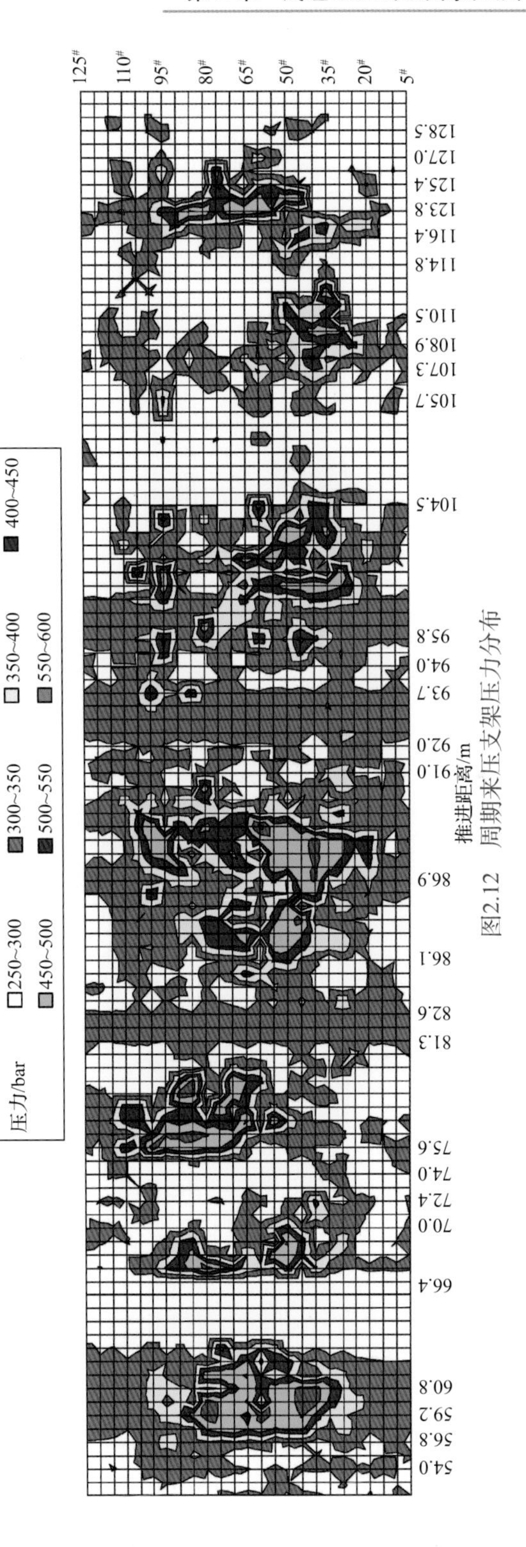

图2.12　周期来压支架压力分布

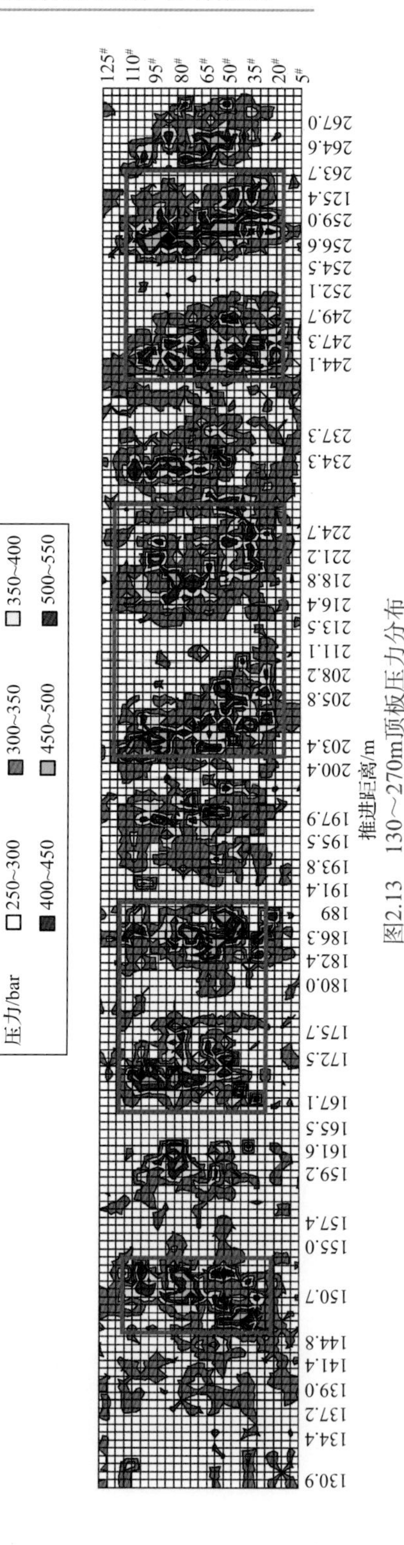

图2.13　130～270m顶板压力分布

来压、一次较弱来压的情况，详见图 2.13 中蓝色框标注区域。较强来压时片帮严重，梁端距大，在采取沿顶回采、加强初撑力管理后，发挥出支架高工作阻力的优势，能够控制顶板漏矸，但是顶板破断引起的动载现象明显；较弱来压时为局部来压，来压范围小持续时间短。第二阶段为 270～300m，这期间来压步距明显变大，达到了 19m，主要表现在来压或无压区持续时间长，这两次来压强度不大，大多数为 350～400bar(图 2.14 中黄色区域)，但持续时间长，局部支架受顶板动载现象明显，直接顶断裂对工作面顶板控制同样造成一定影响。

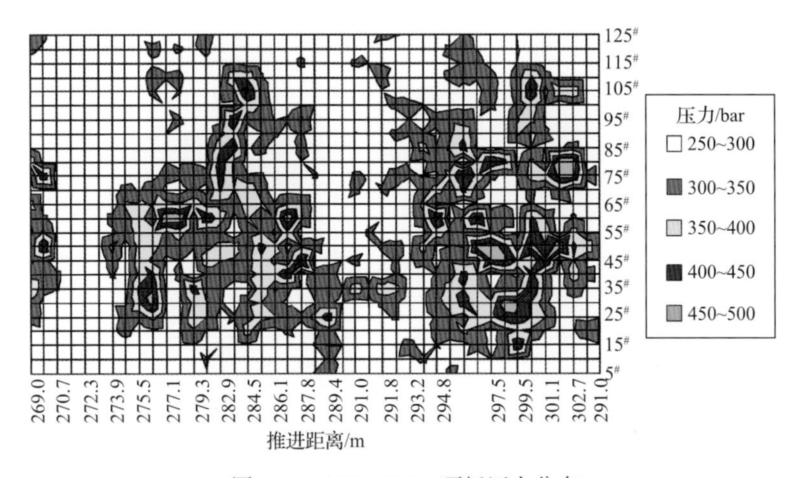

图 2.14　270～300m 顶板压力分布

2018 年 5 月 31 日之后(推进 300～630m)，12401 工作面矿压显现趋于稳定，共出现 20 次周期来压，总平均来压步距为 16.4m，300～630m 顶板压力分布见图 2.15，来压步距及来压描述等统计见表 2.9。工作面来压有如下特点：①在来压步距方面，分为大小步距，大步距为 17～24m，小步距为 9～12m，交替出现，大步距周期多，小步距周期少；②每次来压有明显的来压和无压界限，无压时一般不超过 300bar；③来压强度上也有大小之分，强度较大的周期来压一般持续时间较长，来压范围基本从 30#～110#来压，来压集中，一般为 400～500bar (图 2.15 中红色和绿色区)，来压时工作面出现漏矸情况，顶板较难维护；强度较小的来压一般分成两段来压，一段机头 30#～60#，压力相对较大(黄色区，局部为红色)，最大范围为 400～450bar(红色区)，一段机尾 75#～95#，来压强度不大，大部分为 300～350bar，局部为 350～400bar(黄色区)，受顶板动载影响区域液压支架安全阀存在开启现象；强度较小的来压往往不强烈，但持续时间较长，对工作面影响较大，也能造成工作面漏矸。

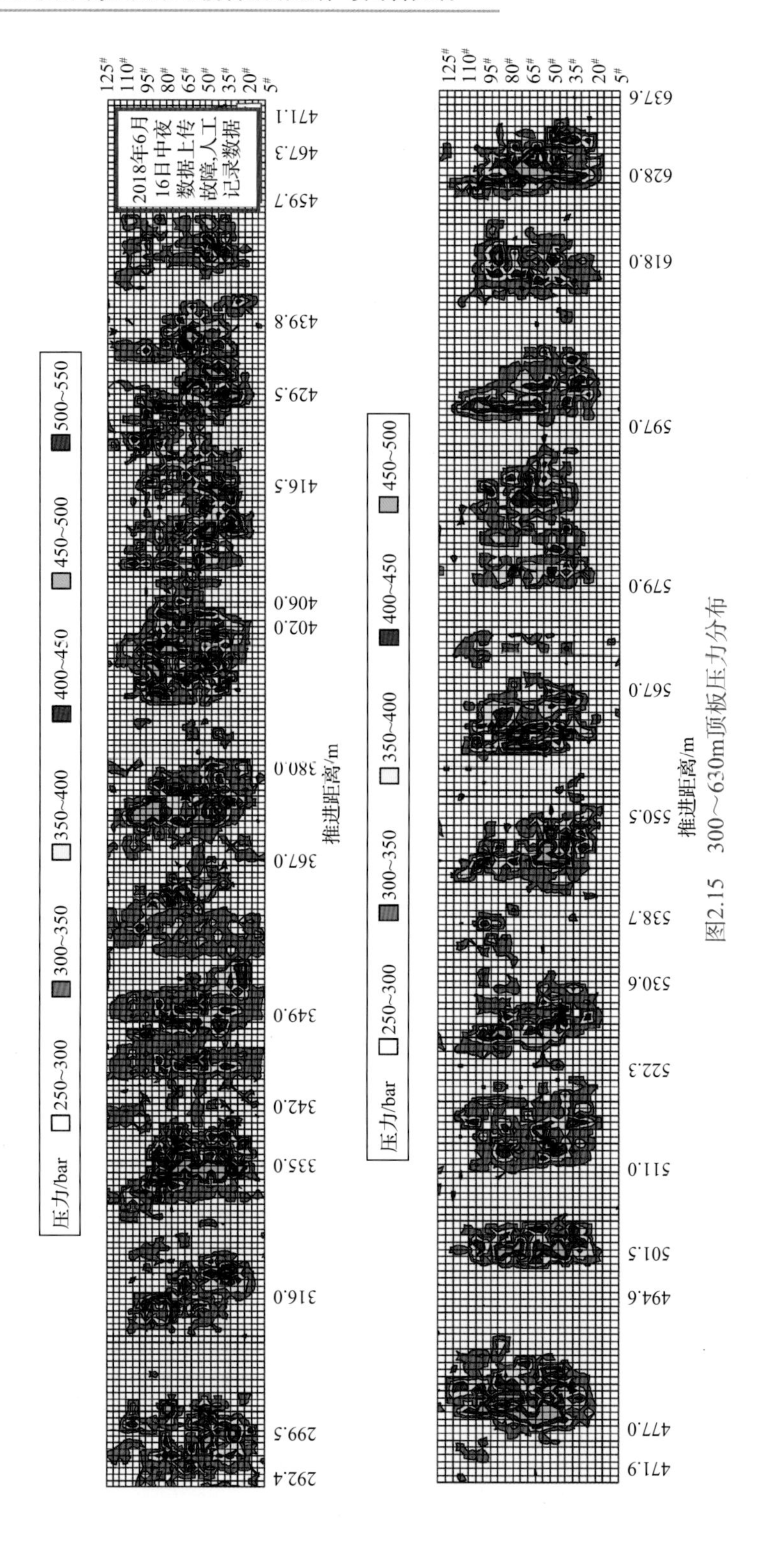

图2.15　300~630m顶板压力分布

表 2.9　推进 300～630m 时周期来压统计表

序号	机头推进距离/m	来压结束/m	来压持续/d	无压持续/d	步距/m	来压描述
1	314.4	321.6	7.2	11.0	18.2	来压强烈，$20^{\#}$～$95^{\#}$整体来压，且压力为 450～500bar，持续时间较长，整体来压后仍有局部压力
2	332.6	338.8	6.2	8.0	14.2	来压较小，呈局部来压状，$25^{\#}$～$85^{\#}$，但来压前工作面持续有 300～350bar 的压力
3	346.8	353.8	7.0	9.0	16.0	$40^{\#}$～$105^{\#}$来压，压力不大，为 350～400bar
4	362.8	365.2	2.4	7.4	9.8	来压强烈，明显分 $30^{\#}$～$60^{\#}$、$85^{\#}$～$105^{\#}$两个区间，均达到 450～500bar 且持续时间长，造成工作面漏顶，采高变大
5	372.6	381.0	8.4	11.2	19.6	来压强烈，表现为 $40^{\#}$～$50^{\#}$、$80^{\#}$～$100^{\#}$局部压力大，达到 450～500bar
6	392.2	404.0	11.8	5.2	17.0	本次来压表现在机头段、机尾段两个局部压力，来压较强，持续时间长，造成现场出现漏矸现象
7	409.2	421.0	11.8	6.9	18.7	本次来压主要为机头段 $25^{\#}$～$55^{\#}$来压，来压不连续，大部分为 300～400bar，但对现场支护影响较大
8	427.9	439.8	11.9	10.6	22.5	本次来压为机头段来压，压力持续时间长
9	450.4	453.6	3.2	6.4	9.6	本次来压明显分为两段，一段机头 $30^{\#}$～$55^{\#}$，压力较大，最大范围在 400～450bar，一段机尾 $90^{\#}$～$110^{\#}$来压强度不大
10	460.0	468.0	8.0	10.6	18.6	本段由于矿压上传系统故障，现场未能记录矿压数据，仅记录了来压范围，460～468m 来压
11	478.6	486.8	8.2	15.5	23.7	本次大面积来压，范围在 $35^{\#}$～$110^{\#}$，来压比较集中，且持续时间长，压力持续达到片帮严重，现场出现漏矸情况，局部漏下长片矸石，由于提前采取控制措施，加强初撑力和支架架型控制，采高在 7.5～7.8m，支架接顶也较好，未发生严重漏矸现象
12	502.3	506.3	4.0	7.9	11.9	本次来压也较强，范围较大，与上次基本一样，范围在 $35^{\#}$～$110^{\#}$，来压比较集中，但持续时间不长
13	514.2	519.0	4.8	6.8	11.6	本次来压明显分为两段，一段机头 $30^{\#}$～$60^{\#}$，压力较大，最大范围在 400～450bar；一段机尾 $75^{\#}$～$95^{\#}$来压强度不大
14	525.8	532.5	6.7	13.5	20.2	机头、机尾两段来压，强度基本相同，最大范围为 450～500bar，机头来压持续时间长
15	546.0	551.3	5.3	6.7	12.0	本次来压前有明显的可预测段，即来压前有 2～3 刀煤压力在 300～350bar，随后压力加强，局部($30^{\#}$～$60^{\#}$)达到 450～500bar
16	558.0	567.0	9.0	15.0	24.0	本次来压速度快，特别是中部 $40^{\#}$～$80^{\#}$瞬间达到 450～500bar，来压时出现轻微漏矸现象

续表

序号	机头推进距离/m	来压结束/m	来压持续/d	无压持续/d	步距/m	来压描述
17	582.0	593.0	11.0	7.0	18.0	此次来压强度不大，持续时间长，压力不大，主要在35#～85#来压，且来压大部分为350～400bar
18	600.0	606.1	6.1	11.1	17.2	早班来压，来压速度快，来压强度大，以40#～100#最大，压力达到450～480bar，跟机拉架时，手动单架回收护帮板后，瞬间片帮煤量大，造成转载机频繁过载，顶板出现局部轻微漏矸现象，割2刀后带压停机，中班割4刀通过周期来压
19	617.2	620.4	3.2	7.6	10.8	工作面来压不明显，40#～90#局部超过400bar
20	628.0	633.6	5.6	7.8	13.4	来压剧烈，瞬间来压，来压范围大，机头20#～105#来压，其中30#～80#处压力达到450～500bar，对工作面顶板支护造成较大影响

12401工作面开采过程中，最大支架阻力沿工作面倾向的分布特征如图2.16所示。最大支架阻力总体呈现中部大于两端的趋势，这是因为中部受扰动岩层范围大，较多的随采随冒岩层同破断基本顶共同作用于工作面中部支架上，支架阻力较大的区域集中在20#～100#液压支架(图2.16)。工作面推进过程中存在工作面局部支架阻力突然增大的现象(图2.17)，这是工作面长度增加，局部顶板受大尺寸裂隙影响后发生区域式破断造成的。

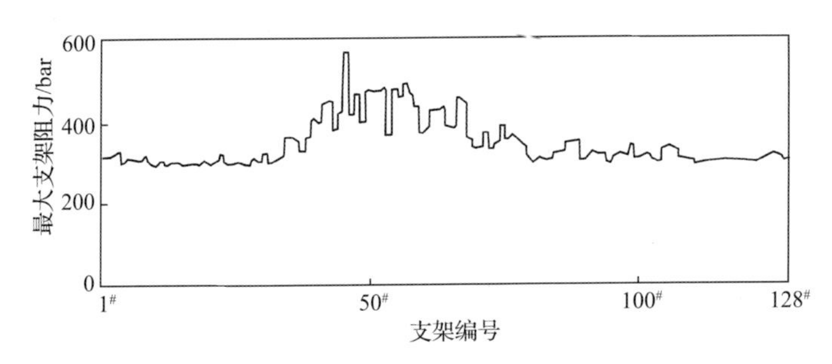

图2.16　最大支架阻力沿工作面倾向的分布特征

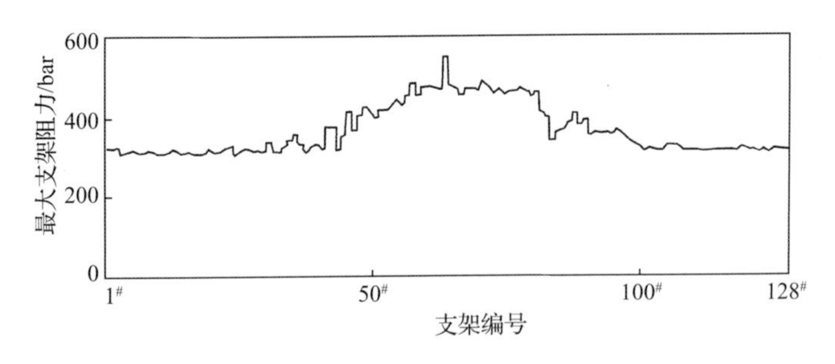

图2.17　最大支架阻力沿工作面倾向局部增大特征

2.4 高帮煤壁破坏特征

工作面初次来压时，工作面煤壁内超前压力变大，表现在采煤时，在煤机滚筒附近片帮严重，回收护帮板时，有片帮煤大面积掉落现象，工作面煤壁较完整，无炸帮等强烈矿压显现。初次来压后，工作面开始提高开采高度，逐渐提到 7.5～8m，从推进距离约 60m 时，全工作面开始出现片帮加大的情况，如第一次周期来压时，30#～80#液压支架一直片帮严重，后滚筒打出护帮后仍然片帮。推进到约 85m，第三次周期来压时，工作面片帮更加严重，煤壁破坏裂隙发育程度较高。生产期间，拉架或拉超前架后，部分区域仍有超过 1m 的梁端距，大部分工作面上半部分煤壁片帮深度 1m，煤壁开始出现“月牙”型裂隙。

后续开采过程中，由于顶板来压强烈，动载现象明显，且煤体坚硬，作用于煤壁之上的载荷较大，工作面推进始终受到煤壁破坏现象的影响。煤壁表面裂隙发育程度高，其中水平裂隙和纵向裂隙最为明显，但裂隙发育深度较小，可观测到的张开裂隙发育深度普遍小于 0.5m(图 2.18)。煤壁上部破坏严重，煤体丧失承载能力，但在护帮板作用下可保持稳定，采煤过程中存在煤体脱落现象，对生产具有一定影响；受采煤机割煤影响煤壁中部和上部存在动力破坏现象，工作面方向上超前采煤机 20～30m 范围煤块以较大速度弹出煤壁，伴随较大劈裂声响。由于破坏煤体初始启动速度大，对生产安全威胁较大，为防止动力破碎煤体飞入支架内部伤及生产人员，在支架立柱外侧挂有铁丝网。

(a) 水平裂隙

(b) 纵向裂隙

图 2.18　煤壁破坏现象

为了对煤壁破坏特征进行定量分析，采用激光扫描三维成像仪对煤壁空间形态进行了扫描，如图 2.19 所示。采用图片识别手段提取煤壁中的裂隙参数信息，将扫描区域内的裂隙分布情况绘制于赤平投影图中。由扫描结果可知，煤壁中的破坏裂隙以纵向裂隙为主，说明坚硬煤体在顶板压力作用下发生劈裂破坏，煤壁控制中应以控制煤壁劈裂破坏为主。

(a)

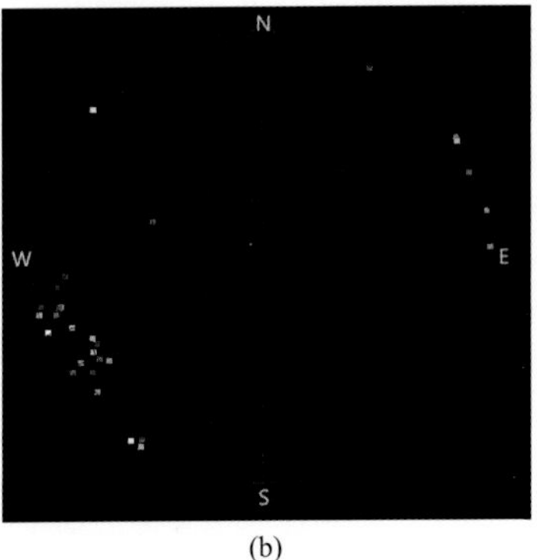

(b)

图 2.19　煤壁裂隙发育特征扫描图(a)和赤平投影图(b)

2.5 微震事件分布特征

12401 工作面回采巷道安装 ARAMIS M/E 微震监测系统，共布置 6 个测点，包括 4 台拾震器(S_1、S_3、S_6、S_8)和 2 个探头(T_2、T_7)。系统于 2018 年 4 月 9 日 14:00 开始上传数据，截至 2018 年 4 月 23 日 15:00，共接收到微震事件 197 个，总能量为 3.84×10^4J，微震事件中单次释放的最大能量达到 900J。微震事件的平面分布如图 2.20 所示。

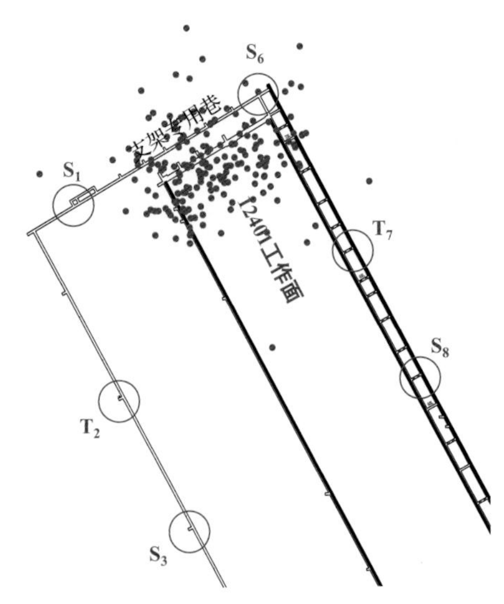

图 2.20　微震事件的平面分布

微震事件主要分布在工作面超前 150m 以内，且以小能量事件为主。微震事件能量分布如图 2.21 所示。由图 2.21 可知，能量小于 100J 的微震事件占总数的 92.4%，因此可以判断出 12401 工作面煤岩体压力较小，顶板岩层不具有动力灾害危险，顶板断裂释放的应变能较少，仅对工作面支架产生小能量动载冲击现象，加强工作面顶板管理即可。

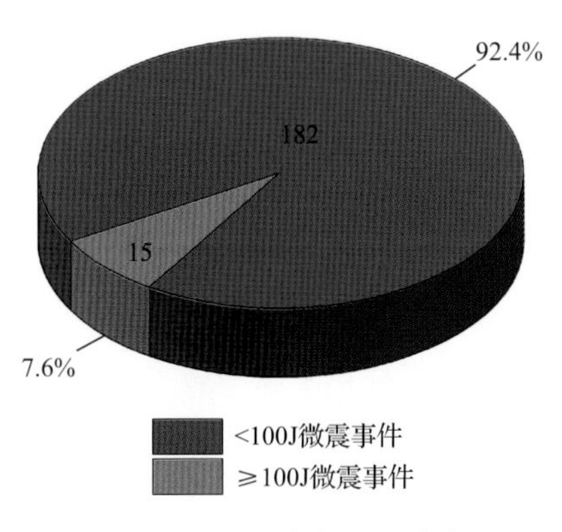

图 2.21　微震事件能量分布

工作面推进过程中，在顶板中监测到的微震事件的发生频次如图 2.22 所示。A 区域为初次来压，B 区域为关键层垮断。由此可见，顶板的运动高峰期引发了大量的微震事件，解释了顶板岩层在运动过程中的能量释放。

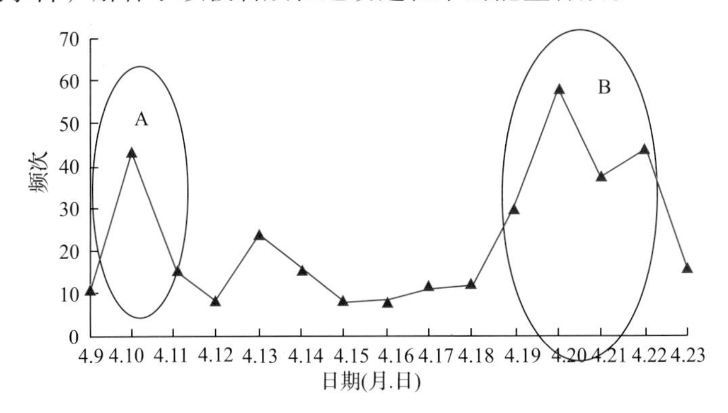

图 2.22　微震事件频次统计

顶板微震事件释放的总能量如图 2.23 所示。曲线存在两个明显的高峰值区域，A 区域反映了 2018 年 4 月 10 日的初次来压，B 区域反映了 4 月 20 日的顶板关键层垮断，地表下沉。可见，初次来压和关键层垮断期间，微震事件的频次和总能量都达到了峰值，与矿压数据吻合。

微震事件总能量与工作面推进度之间的关系如图 2.24 所示。由图 2.24 可知，初采期间，虽然推进较快，但是总能量释放一直维持在较低的平稳状态。这是因

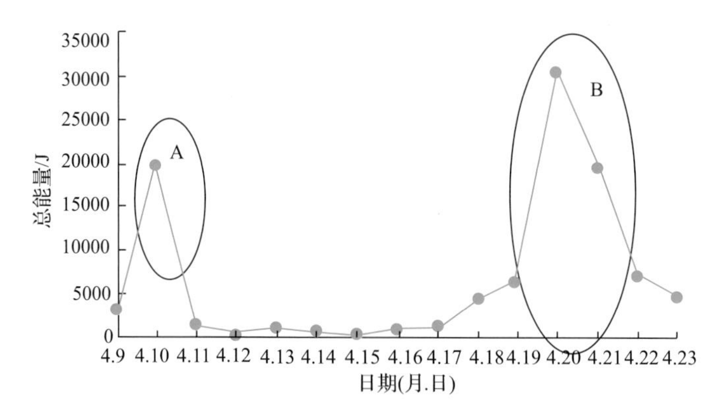

图 2.23 微震事件总能量统计

为初采期间采空区面积不大，顶板没有发生较大幅度的运动，因此能量释放相对较少。2018 年 4 月 17 日，由于采煤机故障导致工作面停产，总能量释放也维持在较低水平。4 月 19 日重新开采之后，微震事件总能量出现较大幅度的升高，日总能量最大值达到了 3.13×10^4J。停采期间，能量一直处于被压抑的状态，当复采之后，微震事件出现一个较大幅度的升高。

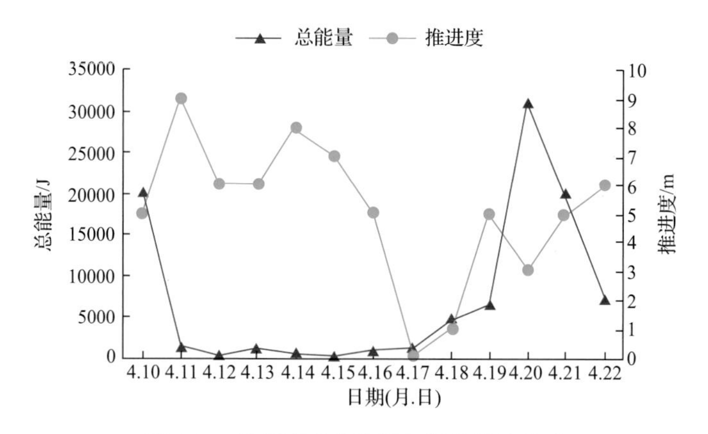

图 2.24 微震事件总能量与推进度的关系

2.6 覆岩“三带”发育特征

为实测分析 12401 工作面“三带”发育高度以及覆岩破坏特征，在工作面推进方向 1850m 处施工 SD1 号钻孔(钻孔深度为 187m，该处煤层埋深为 167m)，并安装 9 个锚爪位移计监测不同深度顶板的连续下沉量。锚爪位移计安装深度分别为 42m、57m、68m、79m、96m、115m、124m、133m、141m，距煤层高度分别为 126m、110m、99m、88m、71m、52m、43m、34m、26m。锚爪位移计安装位置示意图详见图 2.25。

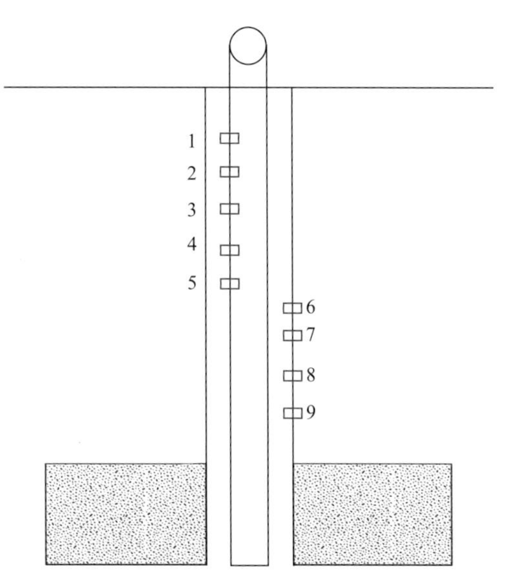

图 2.25　锚爪位移计安装位置示意图

不同深度锚爪位移计位移监测曲线如图 2.26 所示。当工作面推过钻孔 6m，即钻孔进入支架顶梁后方时，顶板各测点开始有位移变化；当工作面推过钻孔 11.1m 时，5～9 号测点锚爪位移计(距煤层高度 26～71m)读数同时出现较大幅度

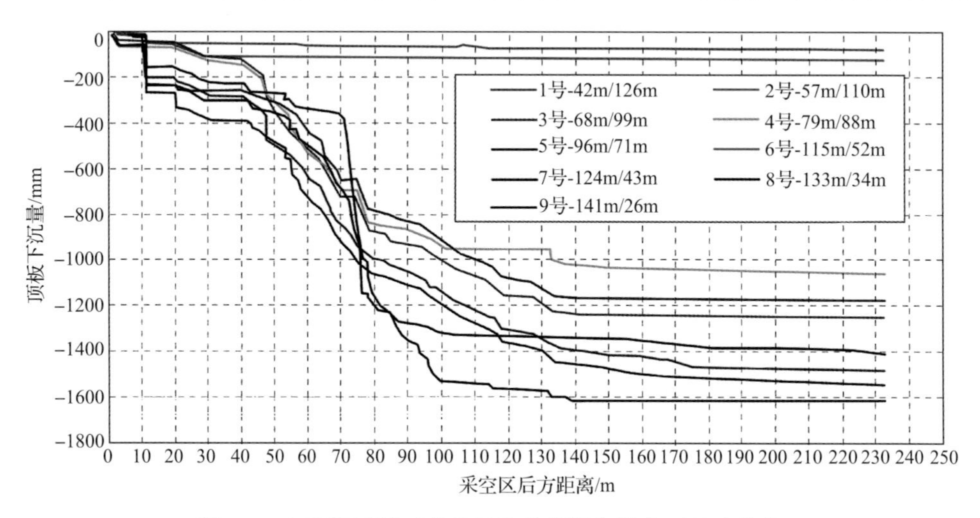

图 2.26　不同深度锚爪位移计位移监测曲线(相对地表位移)

图例备注：钻孔编号–安装深度/距煤层高度

变化，判断钻孔所在岩体结构发生断裂或错动；进入采空区 40～100m，3～9 号测点锚爪位移计快速下沉，且同步性较好，之后逐渐恢复稳定，而浅部的 1～2 号测点锚爪位移计(距煤层高度 110～126m)则始终只有微小下沉量；当地表观测孔进入采空区后方 140m 以后，顶板下沉逐渐趋于稳定。

监测各锚爪位移计所在岩层随工作面推进过程中相对地表的连续下沉量，同时每隔 3d 在地表监测钻孔孔口的下沉量，如图 2.27 所示。由此可知，当地表观测孔进入采空区后方 35m 时，地表开始出现明显下沉，相对地表下沉量为 188mm；当观测孔进入采空区后方 50m 以后，地表下沉速度明显加快，当观测孔进入采空区后方 138m 以后，地表下沉速度再次减缓，此时采空区顶板运动也趋于稳定；当观测孔进入采空区后方 280m 以后，地表下沉基本趋于稳定。

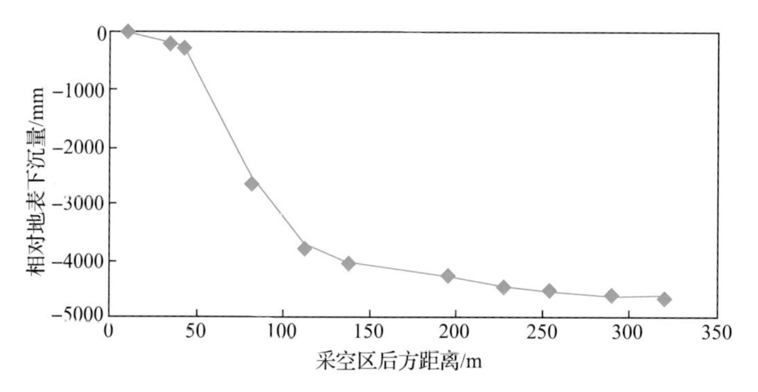

图 2.27　地表下沉量曲线

将不同深度锚爪位移监测曲线和地表下沉曲线相加，即可得出不同深度位移计所在岩层的总下沉量。不同深度锚爪位移计总下沉量变化曲线如图 2.28 所示，

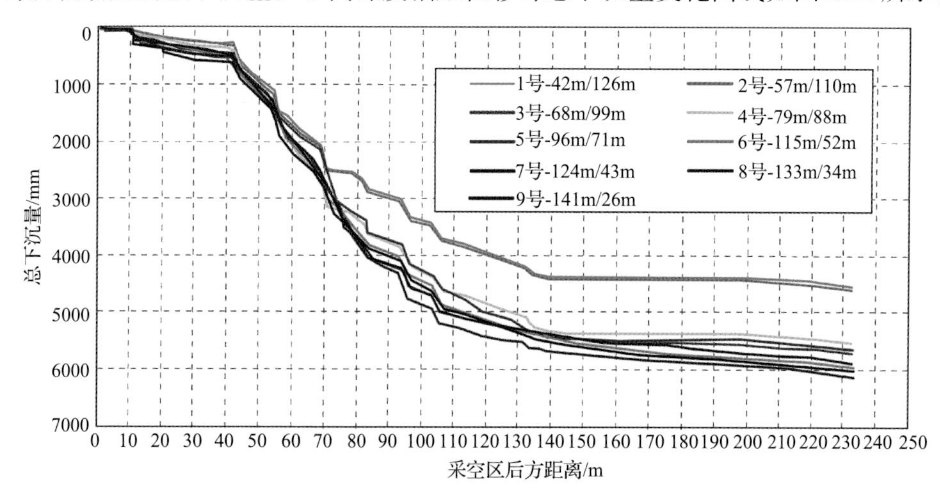

图 2.28　不同深度锚爪位移计总下沉量变化曲线

图例备注：钻孔编号-安装深度/距煤层高度

各测点锚爪位移计下沉量统计见表 2.10。观测期内，1 号、2 号测点相对地表下沉量分别为 75mm 和 120mm，3～9 号测点位移计相对地表下沉量分别为 1061～1618mm，其中 7 号测点相对地表下沉量最大，为 1618mm，总下沉量为 6280mm。2 号、3 号之间离层量最大，为 1128mm，其次 5 号、6 号之间离层量，为 312mm。初步判断 12401 工作面垮落带高度约为 48m，裂隙带发育高度为 3 号测点位置附近，发育高度约为 108m 左右。

表 2.10 各测点锚爪位移计下沉量统计

锚爪位移计编号	安装深度/m	距煤层高度/m	安装岩层	相对地表下沉量/mm	总下沉量/mm	层间离层量/mm
1	42	126	1m 细砂岩	75	4737	—
2	57	110	4m 细砂岩	120	4782	45
3	68	99	7m 粗砂岩	1248	5910	1128
4	79	88	1m 细砂岩	1061	5723	−187
5	96	71	4m 中砂岩	1171	5833	110
6	115	52	5m 钙质中砂岩	1483	6145	312
7	124	43	6m 粗砂岩	1618	6280	135
8	133	34	1m 泥质粉砂岩	1560	6222	−58
9	141	26	4m 石英细砂岩	1448	6110	−112

2.7 地表裂隙发育特征

12401 工作面初次来压前后，经勘察地表无裂缝。工作面推进至 90m 时，地表基本无裂缝；推进至 110m 时地表出现宽为 2～5cm，长 3～5m 的裂缝；推进至 129m 时地表出现宽 15cm，长 10m 的裂缝，裂缝两侧落差 10cm，如图 2.29 所示。

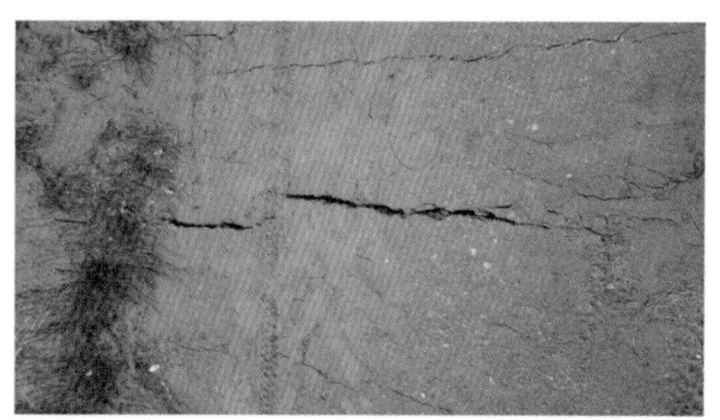

(a) 推进至110m

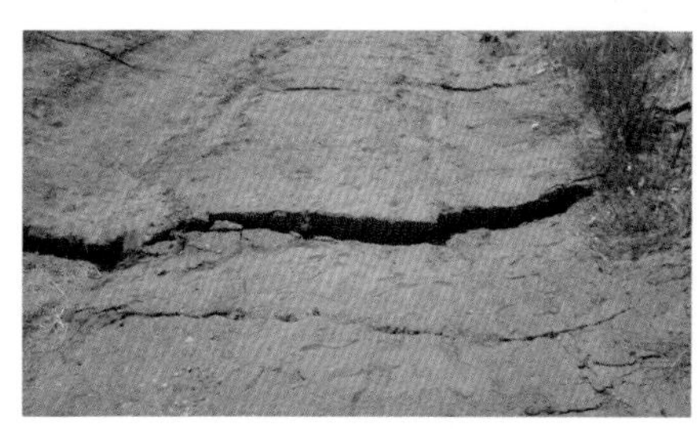

(b) 推进至129m

图 2.29　工作面推进至 110m 与 129m 时地表裂隙发育特征

工作面推进至 150～300m 地表裂隙发育特征如图 2.30 所示。地面裂缝宽度为 10cm，裂缝两侧高差在 30cm 以上，下沉量较大。2018 年 5 月 31 日，工作面累计推进 296m 时，在距切眼中部 80m 位置地表累计最大下沉量为 5.89m。该阶段 12401 综采面地表下沉量和下沉速度明显加快，以 2018 年 4 月 27 日～5 月 31 日为例，地表最大下沉速度将近 4.92m/月。

图 2.30　工作面推进至 150～300m 地表裂隙发育特征

工作面推进至 300～600m 地表裂隙发育特征如图 2.31 所示。地面裂缝宽度为 10cm，裂缝两侧高差在 40cm 以上，下沉量较大。经实测，采空区内累计最大下沉量达到 6m，地表建筑物损坏严重。

图 2.31　工作面推进至 300～600m 地表裂隙发育特征及对地表建筑物影响

2.8 本章小结

(1) 12401 工作面初次来压推进距离为 45m(不含切眼宽度 11.4m)，来压步距持续 5m 在推进至 50～129m，周期来压步距为 8～11m，步距较短，但由于采高大，来压强度大，普遍达到 450bar 以上，中部区域能达到 470～520bar，来压时顶板掉落大块矸石，常造成卡死煤机和运输机现象，对现场生产造成较大影响。

(2) 在工作面推进至 130～300m，来压分两个阶段，第一阶段是 130～249.7m，工作面来压步距有“两小一大”的规律，两次小来压步距约为 15m，随后的一个大来压步距较小，一般在 8～11m，最小的有 5m，来压强度上也存在“两小一大”的规律，两次较强来压，一次一般来压的情况，较强来压时片帮严重，梁端距大，一般来压时为局部来压，来压范围小，持续时间短。第二阶段是 270～300m，工作面来压步距明显变大，达到 19m，主要表现在来压或无压区持续时间长。

(3) 在工作面推进至 300～630m，工作面在来压步距方面也有大小步距规律，大步距在 17～24m，小步距在 9～12m，交替出现，连续大步距周期多为 2～4 个(个别为 1 个)，每次小步距周期为 1 个。来压强度上也有大小之分，强度较大的周期来压一般持续时间较长，来压范围基本从 30#～110#来压，来压集中，压力大部分区域为 400～500bar，来压时工作面出现漏矸情况，顶板较难维护。强度较小的来压一般分成两段来压，一段机头 30#～60#，压力相对较大，一段机尾 75#～95#，来压强度不大，大部分在 300～350bar，来压步距平均为 16.4m。

(4) 采用锚点位移计对覆岩“三带”发育特征进行了实测。结果表明，12401 工作面垮落带发育高度为 48m，为采高的 5.45 倍，裂隙带发育高度为 108m，为采高的 12.27 倍。工作面推进期间，基岩较薄处覆岩只存在垮落带和裂隙带，弯曲下沉带随着基岩厚度的变化而改变。

(5) 12401 工作面推进至 110m 时地表出现裂缝。推进至 150～300m 地表下沉量和下沉速度明显加快，地面裂缝宽度为 10cm，裂缝两侧高差为 30cm 左右，下沉量较大。工作面推进至 300～600m 地面裂缝宽度为 10cm，裂缝两侧高差在 40cm 以上。

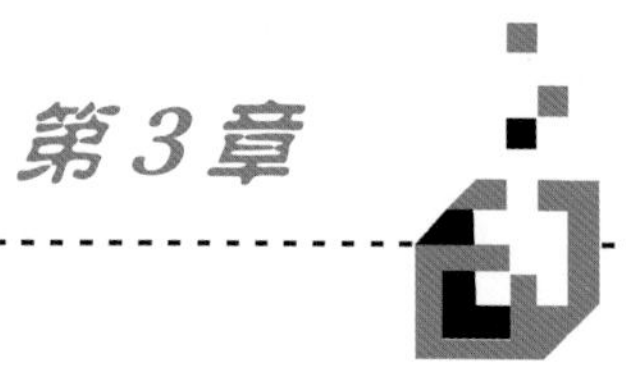

第3章 浅埋 8.8m 大采高采场围岩破坏失稳机理

8.8m 综采工作面是我国首个超大采高综采工作面，在该类大空间采场围岩控制中没有科学理论的指导，为保证 12401 工作面的安全高效回采，本章对覆岩结构运动过程、支架阻力及长度效应确定、高帮煤壁破坏机理及稳定性进行研究，得到围岩控制和液压支架选型方法。

3.1 薄基岩的定义

浅埋采场矿压特点与深埋采场有明显的区别，根本原因是采高和基岩厚度的不同导致覆岩破断后的运动形式不同。假设回采高度为 M，则开采后垮落带高度可由经验式(3.1)确定：

$$H_K = \frac{100M}{4.7M + 19} \pm 2.2 \tag{3.1}$$

式中，M——回采高度，m；

H_K——垮落带高度，m；

基岩较厚时，高位覆岩可形成大结构，下位亚关键层断裂后只承受部分随动岩层的载荷，断裂岩块可形成自平衡的“砌体梁”结构，根据砌体梁理论，结构保持稳定的条件有

$$h_i > 1.5\left[M - \sum h\left(k_p - 1\right) - \sum_{i=0}^{n-1} h_i\left(k_i - 1\right)\right] \tag{3.2}$$

$$L_i > 2h_i \tag{3.3}$$

式中，h_i——第 i 层坚硬岩层的厚度，m；

h——坚硬岩层总厚度，m；

k_p——直接顶的碎胀系数；

k_i——第 i 层坚硬岩层的碎胀系数；

L_i——第 i 层坚硬岩层的破裂断距，m。

基岩较薄时，覆岩中的坚硬岩层破断后均不能满足式(3.2)和式(3.3)，则覆岩破断后不能形成自稳结构，工作面支护强度不足时，结构的失稳导致顶板沿煤壁切落，出现台阶下沉现象。若基岩之上直接顶为松散砂砾层且含有潜水时，地下水和流沙沿着贯通裂隙进入工作面，将造成涌水溃沙灾害。因此，可根据煤层综合柱状图及相关参数判断基岩最上一层关键层是否满足式(3.2)和式(3.3)，若满足则为厚基岩煤层，否则为薄基岩煤层，即覆岩关键层全部破断，且最上一层基岩破断岩块所形成结构不能取得自身平衡时，将这种顶板条件的煤层称为薄基岩煤层。由上述方法结合第 2 章工作面矿压显现特征实测结果，可以判断 12401 工作面为典型浅埋薄基岩采场。

3.2　覆岩结构运动过程及稳定性分析

3.2.1　关键块回转过程

同深埋采场基本顶形成的“砌体梁”结构不同，浅埋薄基岩采场受地表较厚松散层和较小地应力的影响，来压步距比相同顶板条件的深埋采场小，关键层破断后岩块的块度大，不满足形成铰接平衡结构的条件，岩块切落后形成台阶岩梁结构，其模型见图 3.1。当流沙不参与断裂岩块的回转运动且来压期间工作面推进速度不快时，关键块在工作面推进至断裂线下方之前就已触矸，且随工作面的推进最终在架后切落。这种情况下支架只承受关键块 A 回转产生的变形压力和直接顶松脱体重力，支架阻力的大小同直接顶破坏程度有关。工作面推进过程中，关键块 A 的回转运动过程如图 3.1 所示，基本顶形成台阶岩梁结构，仅有一个关键块对工作面支架阻力造成直接影响。

我国西部的高强度开采工作面，其特点为工作面推进速度快，几何尺寸大。特别是神东矿区，基岩上部直接覆盖较厚的松散层，回采过程中经常伴有溃沙现象，说明流沙已参与到破断岩块的回转运动中，且由于煤层埋深浅，地应力小，工作面煤壁进入破坏状态的范围小，关键层超前破坏的距离小，高速推进的工作

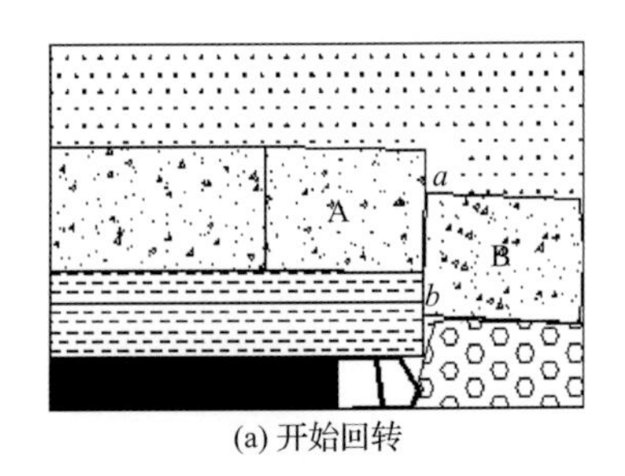

(a) 开始回转

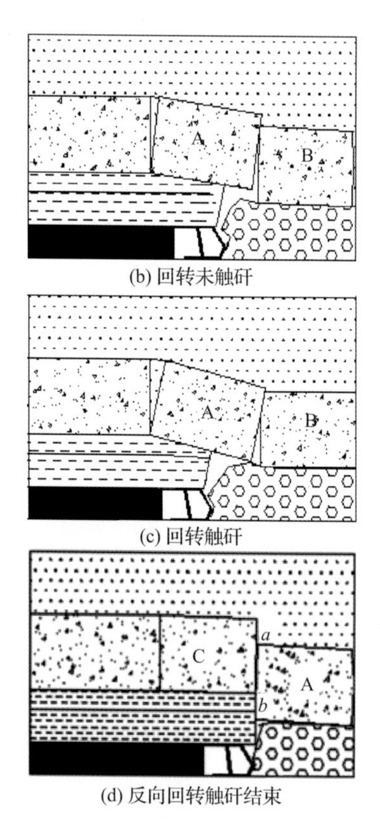

(b) 回转未触矸

(c) 回转触矸

(d) 反向回转触矸结束

图 3.1　台阶岩梁结构模型

A、B、C-岩块；*a*、*b*-关键块铰接点

面很容易在关键块 A 回转至触矸状态前就到达断裂线的位置。此时，高强度采场断裂线同煤壁位置关系如图 3.2 所示。

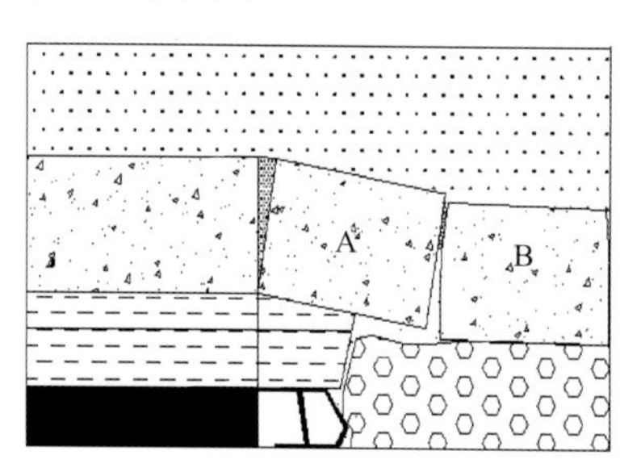

图 3.2　高强度采场断裂线同煤壁位置关系

关键块 A 前铰接面不存在流沙，仍处于滑动摩擦状态，但其上部的张开裂缝充满了流沙。后铰接面含有残余的流沙微小颗粒，可近似认为该面上为滚动摩擦形式，由摩擦原理可知，滚动摩擦同滑动摩擦相比，其值很小，因此关键块 A 转动到这种状态时，很容易发生自由落体式失稳。若采场控顶距很大，关键块 A 滑

落后，做自由落体运动，直接冲击直接顶，导致工作面顶板沿煤壁大范围切落，使关键块 A 同未断裂岩块间的铰接面张开，形成溃沙通道，如图 3.3 所示。

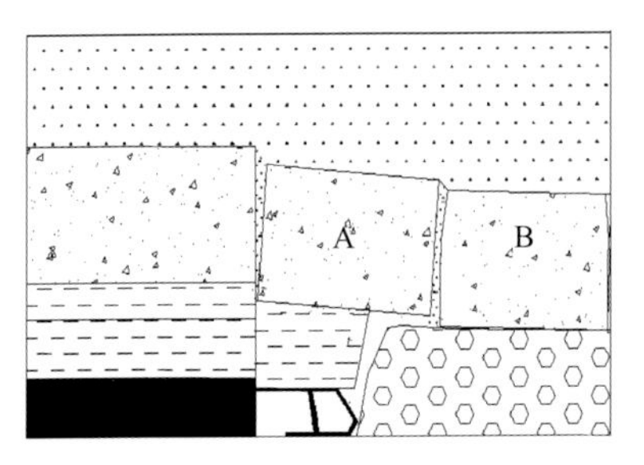

图 3.3　关键块自由落体式失稳

若控顶距较小，关键块 A 失稳后以前铰接点为中心做回转运动，直接冲击采空区矸石，如图 3.4(a)所示。此时，支架受冲击载荷的影响较小，主要承担的还是变形压力。关键块 A 在采空区触矸后，会有反向回转的趋势，由于张开裂缝中充满了流沙，关键块 A 的反向回转受到限制，前铰接面张开。若支护阻力不足，关键块 A 再一次发生失稳，以触矸点为中心做反向回转运动，导致顶板沿煤壁切落，形成溃沙通道，如图 3.4(b)所示。

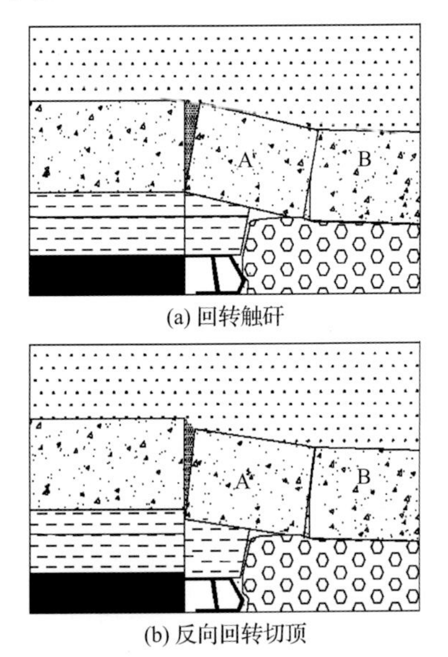

(a) 回转触矸

(b) 反向回转切顶

图 3.4　关键块回转失稳

3.2.2　关键块稳定性分析

关键块 A 失稳前，其受力示意如图 3.5 所示。其中，Q_1 为载荷层和岩块的重力，Q_2 为进入裂缝的流沙在断裂面上的作用力。岩块 B 切落后在采空区矸石上保持稳定，因此只有关键块 A 的状态对工作面支架阻力有影响。在砌体梁理论中，A 和 B 均为关键块，共同决定支架工作阻力的大小，两岩块协调运动，之间没有相互运动的趋势，因此 A、B 岩块之间的铰接面上不存在剪力，较容易保持平衡。

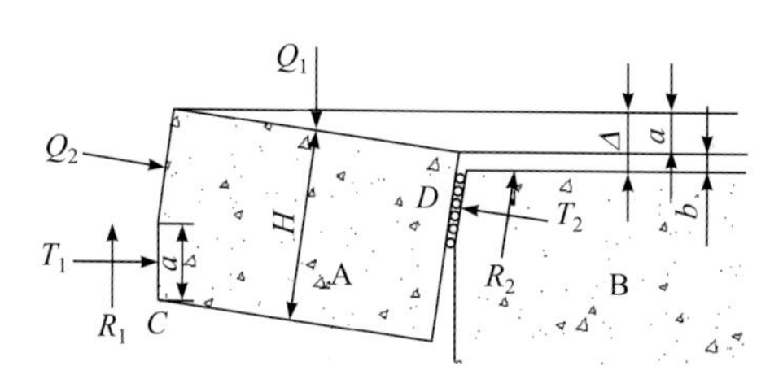

图 3.5 关键块受力示意图

由浅埋薄基岩覆岩破断岩块的运动过程可知，顶板只有一个关键块 A，岩块 B 已经稳定压实。由图 3.5 可知，A 关键块的运动会导致在前后铰接面上产生剪力 R_1 和 R_2，其大小可由静力平衡条件求得，即 $\sum F_x = 0$，$\sum F_y = 0$，$\sum M_C = 0$，$\sum M_D = 0$（$\sum F_x = 0$ 表示在 x 方向上的力的矢量和为零；$\sum F_y = 0$ 表示在 y 方向上的力的矢量和为零；$\sum M_C = 0$ 表示关于点 C 的力矩的矢量和为零；$\sum M_D = 0$ 表示关于点 D 的力矩的矢量和为零)。

当流沙进入后铰接面后，导致 A、B 岩块间的滚动摩擦系数骤减，很难满足保持关键块 A 平衡的力学条件：

$$T_2 f \geqslant R_2 \tag{3.4}$$

式中，f——A、B 岩块间滚动摩擦系数；

T_2——A、B 岩块间的正压力，N；

R_2——A、B 岩块间的剪力，N。

在浅埋薄基岩高强度开采工作面，当流沙参与到覆岩运动时，若所选架型的工作阻力不足，结构的周期性失稳是必然的。

3.3 支架阻力的确定

浅埋薄基岩工作面快速推进时，根据控顶距的不同，关键层破断岩块有两种失稳形式。控顶距大时，关键块以自由落体式失稳，直接冲击工作面支架，岩块滑落过程中，前后铰接面都可视为滚动摩擦。因此，可以不计摩擦力所做的功，并假设直接顶为弹性体，冲击过程中忽略热能和声能损失，则岩块 A 完全压在直接顶之上速度再次变为零时，其重力做的功完全转变为直接顶的弹性变形能。根据机械能守恒原理，可得

$$Q_1(\Delta h+\Delta d)=\frac{1}{2}F_d\Delta d \tag{3.5}$$

式中，Q_1——直接顶及载荷层的重力，kN；

Δh——直接顶同基本顶岩块的离层量，m；

Δd——直接顶的变形量，m；

F_d——直接顶受到的冲击力，kN。

根据胡克定律，冲击力 F_d 可由式(3.6)求得

$$F_d=\frac{E\Delta d}{\sum h}L_s \tag{3.6}$$

式中，E——直接顶弹性模量，GPa；

L_s——控顶距，m；

$\sum h$——直接顶的厚度，m。

当关键块 A 的重力以静力的形式作用在直接顶上时，直接顶产生的变形量可由式(3.7)求得

$$\varDelta_{st}=\frac{Q_1}{EL_s}\sum h \tag{3.7}$$

式中，$\varDelta_{st}$——直接顶在静力作用下的变形量，m。

联立式(3.5)～式(3.7)，可以求得直接顶受到的最大冲击力为

$$F_d=\left(1+\sqrt{1+2\frac{\Delta h}{\varDelta_{st}}}\right)Q_1=k_dQ_1 \tag{3.8}$$

式中，k_d——关键块 A 自由落体式失稳时的动载系数。

动载系数随基本顶与直接顶之间离层量的变化趋势如图 3.6 所示。从图 3.6 中可以看出，随着离层量的增大，动载系数不断增大，因此要保持足够的支架初撑力，防止直接顶与基本顶的离层产生。当离层量为 0 时，动载系数等于 2。实际上，直接顶并不是理想的弹性体，当关键块作用在其上时，直接顶会发生塑性变形，缓冲岩块的冲击力，即支架所受冲击压力的动载系数为 1～2。在进行支架选型时，可根据工作面直接顶的厚度和力学性质适当选取合理的动载系数。

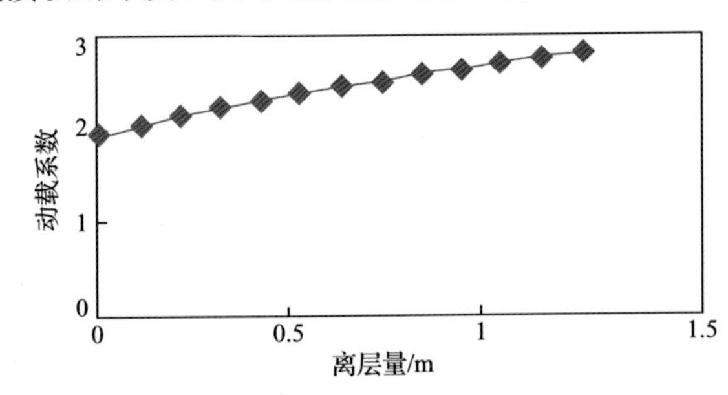

图 3.6　动载系数随基本顶与直接顶之间离层量的变化趋势

若采场控顶距较小时，关键块容易发生回转失稳，根据上述分析可知岩块正向回转冲击采空区矸石时，支架受到的动载荷影响不明显，因此按照岩块反向回转时发生失稳计算支架的工作阻力有利于采场的安全生产。关键块反向回转失稳前后几何关系如图 3.7 所示。岩块 A 以触矸点 O 为中心运动，根据几何关系求得回转至水平位置时岩块重心在竖直方向上的位移：

$$\varDelta_1 = \frac{\sin(\theta_1 + \theta_2) - \sin\theta_1}{2\cos\theta_1} L \tag{3.9}$$

式中，$\varDelta_1$——岩块重心在竖直方向上的位移，m。

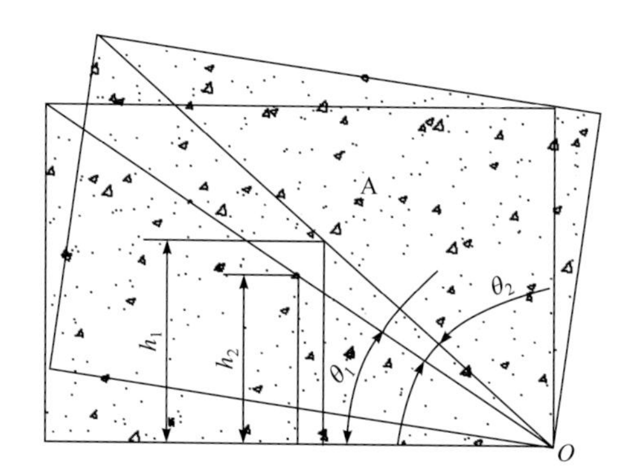

图 3.7　关键块反向回转失稳前后几何关系

回转至水平位置后，关键块前铰接点的最大下沉量为

$$\varDelta_2 = L\sin\theta_2 \tag{3.10}$$

式中，$\varDelta_2$——最大下沉量，m。

将式(3.10)代入式(3.9)，将 $\varDelta_1$ 用 $\varDelta_2$ 表示，则

$$\varDelta_1 = \frac{\sin(\theta_1 + \theta_2) - \sin\theta_1}{2\cos\theta_1 \sin\theta_2} \varDelta_2 = \frac{\sin(\theta_1 + \theta_2) - \sin\theta_1}{2\cos\theta_1 \sin\theta_2} (\Delta d + \Delta h) \tag{3.11}$$

令

$$n = \frac{\sin(\theta_1 + \theta_2) - \sin\theta_1}{2\cos\theta_1 \sin\theta_2}$$

可得

$$nQ_1(\Delta h + \Delta d) = \frac{1}{2} F_{\mathrm{d}} \Delta d \tag{3.12}$$

联立式(3.6)、式(3.7)、式(3.12)，可得

$$F_{\mathrm{d}} = n\left(1 + \sqrt{1 + 2\frac{\Delta h}{n\varDelta_{\mathrm{st}}}}\right) Q_1 = nk_{\mathrm{d}} Q_1 \tag{3.13}$$

由式(3.13)可以看出，由于系数 n 小于 1，若直接顶和基本顶之间出现离层，

动载系数会迅速增大，若Δh等于0，则动载系数只与n有关，n随回转角θ_2的增大而减小，如图3.8所示。但n随回转角θ_2变化的幅度很小，为保证工作面的安全性，当关键块出现回转失稳时，n可以统一选取0.6。

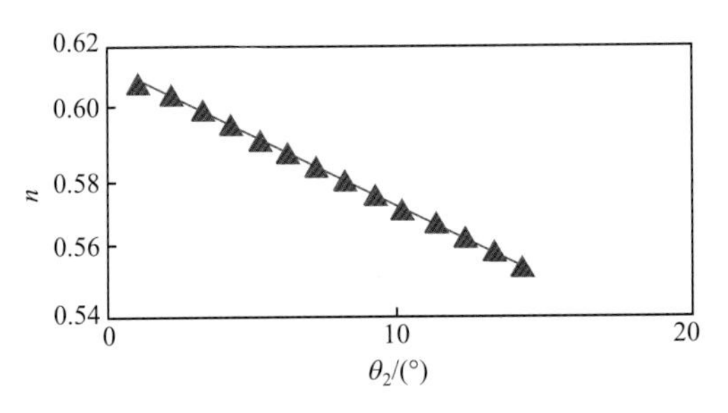

图3.8 系数n随回转角θ_2的变化趋势

3.4 支架阻力的工作面长度效应

工作面支架适应性和采场的安全性是工作面倾斜长度选取的重要影响因素，合理倾斜长度应使一定开采技术条件下采场矿压显现强度的等级最低，即实现低阻力、短时间来压。基本顶四周断裂后，由于支撑条件的转变，其回转角迅速增大，若工作面长度较小，四周简支基本顶岩层的承载能力大于随断岩层载荷，则基本顶中间断裂线滞后四周断裂线一定时间出现，如图3.9(a)所示。此时，由于四周煤柱、煤体的支撑作用，支架只承受变形载荷，工作阻力、活柱下缩量均较小，不会出现因自由行程过小而压架的现象；顶板之上的随动载荷层厚度随着工作面长度的增加而增大，若增加工作面倾斜长度，基本顶四周断裂后，承载能力低于随动岩层载荷，则基本顶迅速发生第二次断裂，中间断裂线产生，工作面开始来压，如图3.9(b)所示。中间断裂线产生初期，在支架支撑作用下，断裂岩块回转角小，能保持平衡，支架承受的是直接顶、部分基本顶和随动岩层的重力，随工作面推进，平衡结构失去稳定性，基本顶断裂岩块及随动岩层的重力全部作用在支架上，支架由“给定变形”工作状态转变为“给定载荷”工作状态，支架阻力迅速升高。若工作面过长，基本顶中间断裂线同四周断裂线同时出现，则基本顶断裂岩块回转时间充足，下沉量大，工作面支架一直处于高工作阻力状态，且工作面来压持续距离大。在典型薄基岩采场，基本顶来压时基岩全厚断裂，基本顶四周初次断裂后不会出现卸压现象，因此其四周断裂线同中间断裂线同时产生，基本顶运动剧烈，这也是典型浅埋采场矿压显现强度高、支架受动载冲击明显的原因。综上，浅埋煤层开采时，另随动载荷大小等于简支顶板极限承载能力的工作面长度最为合理。

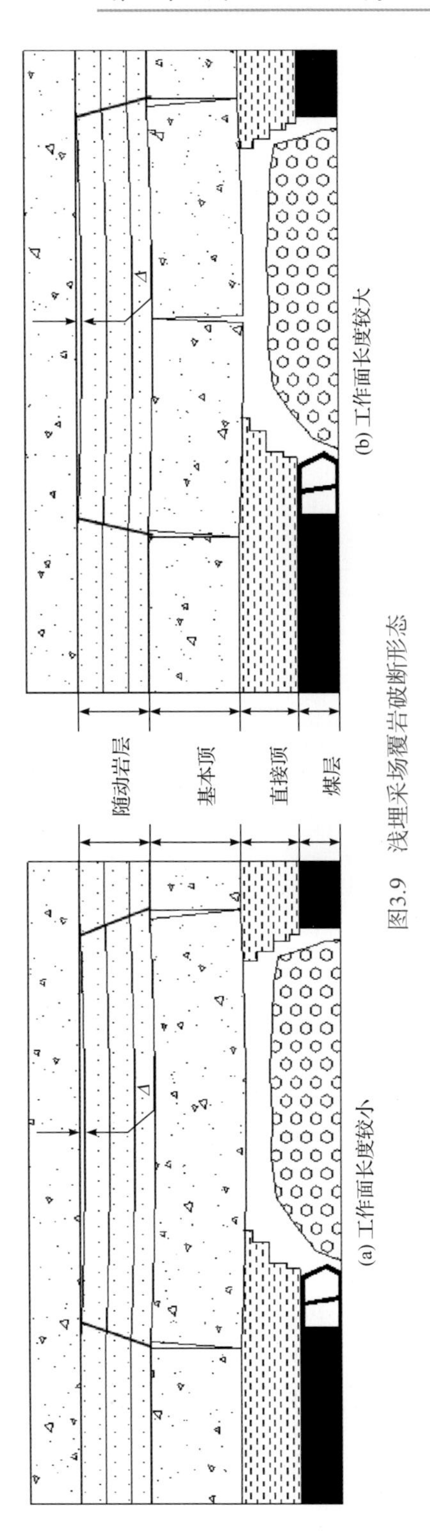

图3.9　浅埋采场覆岩破断形态

工作面推进过程，覆岩中存在应力水平较高的拱形承载区，即应力壳，工作面处于该结构的掩护之下，支架只承受壳内破断岩体的部分重量，工作阻力小，采场围岩控制效果好。12401 工作面支架额定工作阻力为 26000kN，最大支护强度达 2MPa。为了验证该支架型号是否适应浅埋条件下 300m 工作面长度，依据 12401 工作面顶底板岩层特征建立三个数值模型，工作面长度分别为 240m、300m 和 360m，最大主应力分布数值计算结果如图 3.10 所示。

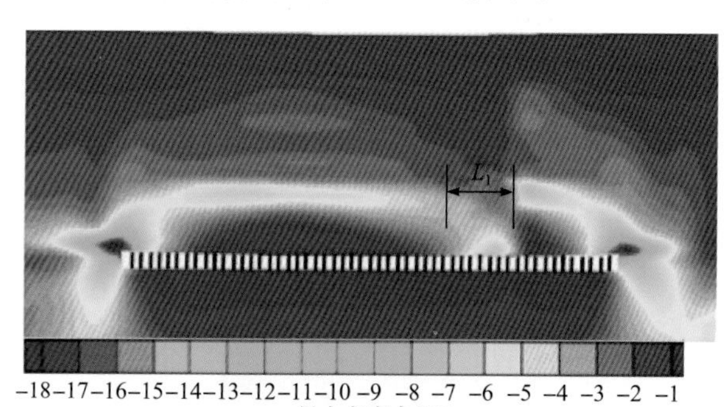

(a) 工作面长度为240m

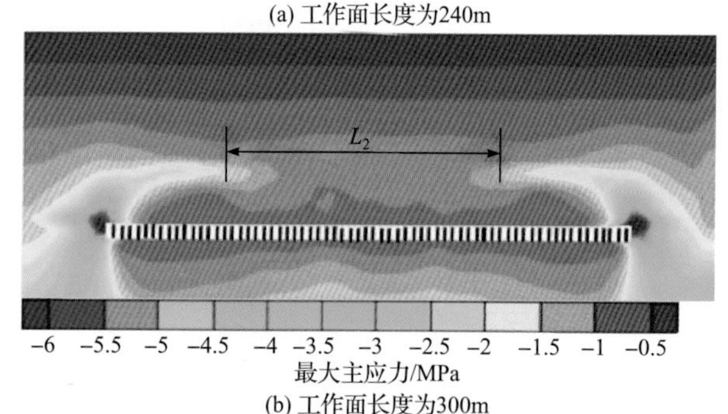

(b) 工作面长度为300m

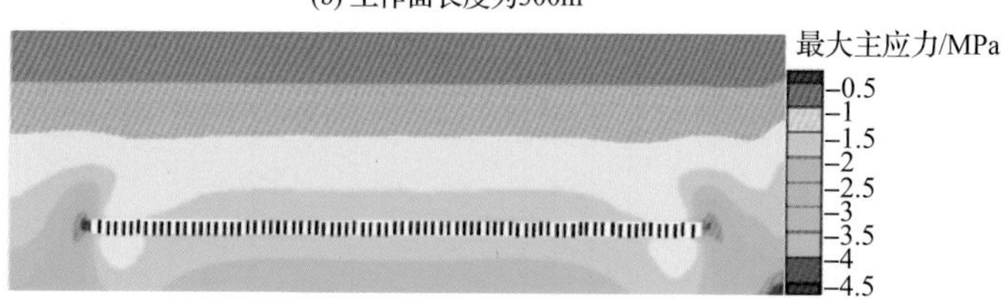

(c) 工作面长度为360m

图 3.10　不同工作面长度覆岩最大主应力分布

当工作面长度为 240m 时，覆岩中有比较完整的应力壳，L_1 范围内支架滑倒，顶板垮落，使围岩控制效果较差，导致小范围的应力壳消失，但工作面整体上支架均匀受力，承受的载荷为 0～1MPa。当工作面长度为 300m 时，其中部上方 L_2 范围内出现顶板基岩断裂现象，应力壳消失，沿工作面倾向支架载荷产生不均匀分布，两端载荷较小，中部载荷较大，但载荷值仍为 0.8～1.6MPa。因此，300m

工作面长度配备额定工作阻力 26000kN 支架可实现安全回采。工作面长度为 360m 时，覆岩中不再存在拱形应力承载区，基岩整体断裂，失去应力壳的保护，工作面支架承受载荷增大至 2.5～3MPa，大于所选支架的额定支护强度，工作面安全得不到保证。综上，12401 工作面长度选取 300m 是合理的。

3.5 浅埋煤层高帮煤壁破坏机理

3.5.1 煤壁简化力学模型

大采高工作面围岩结构如图 3.11(a)所示。直接顶随采随垮，基本顶可形成平衡结构，采空区垮落矸石承载能力降低，顶板岩层重力向工作面前方实体煤转移，形成支撑压力，造成采动裂隙在煤壁中发育，最终引起煤壁破坏现象，在工作面前方形成破碎区(图 3.11(a)中灰色区域)，破碎区内侧为完整区(图 3.11(a)中黑色区域)。在不考虑构造应力影响下，开采区域最大埋深为 160m，覆岩最大自重应力约为 4MPa。工作面前方最大支撑压力集中系数可达到 4，按此系数可确定工作面前方支撑压力峰值为 16MPa，同煤体单轴抗压强度相当。因此，12401 工作面煤壁破坏裂隙发育深度较小，工作面前方破碎区宽度小，大量实测结果表明，浅埋煤层工作面前方破坏煤体范围为 1～3m。

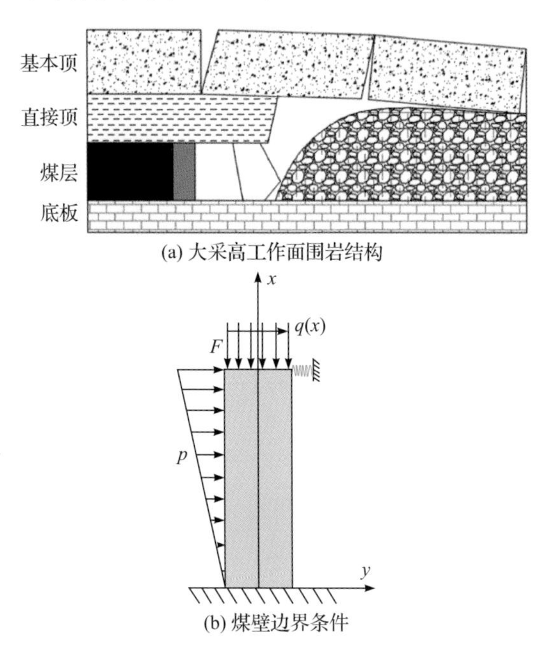

(a) 大采高工作面围岩结构

(b) 煤壁边界条件

图 3.11　高帮煤壁简化力学模型

破碎区煤体进入峰后软化阶段，在顶板载荷作用下表现出剪胀行为，则煤壁在水平方向表现出明显的横向变形，变形过程中需要吸收能量；破碎区内侧的完整煤体处于弹性变形阶段，工作面开挖在完整区煤体中引起卸荷效应，水平应力降低，该变形过程中释放能量。因此，工作面回采过程中，完整区和破碎区煤体在能量转化上表现出明显差异，完整区煤体释放的能量由破碎区煤体吸收。根据上述能量转化过程，可将破碎区煤体与完整区煤体的边界视为应力边界，该应力对破碎区煤体做的功即为完整区煤体释放的能量。由底板至顶板，采动对煤层的扰动程度增大，煤层卸荷程度逐渐升高。因此，边界应力简化为线性分布载荷 $q(x)$，煤层与底板交界面受采动影响较小，将破碎区煤体与底板的边界可视为固定位移边界；煤层与顶板的交界面为应力边界，承受顶板载荷 p；在煤壁揭露面上，煤壁承受支架护帮板提供的水平支撑力，该水平支撑力随着煤壁横向变形的增加而增大，为便于分析，将该支架护帮板等效为刚度为 k 的弹簧，随着煤体横向变形的增加，破碎区煤体受到的支架支撑力呈线性增加。经上述简化，煤壁边界条件如图 3.11(b)所示。由于 12401 工作面一次开采高度达到 8.8m，而破碎区宽度介于 1～3m，可将图 3.11(b)所示的煤壁力学模型视为复杂边界条件下的梁结构模型，借助该结构模型确定大采高采场煤壁破坏条件。

3.5.2 煤壁拉伸破坏条件

为得到煤壁破坏条件，采用最小势能原理对图 3.11(b)中梁结构的位移和应力进行求解。采动影响下，图 3.11(b)结构系统的总势能包括破碎区煤体的弯曲变形能，贮存于弹簧中的弹性势能以及边界载荷 $q(x)$和 p 做功而产生的外力势能。煤壁大变形条件下，其横向变形大于垂直变形。因此，顶板载荷 p 所做的功可忽略，可得结构总势能为

$$U(\omega)=\frac{1}{2}\int_0^h EI\omega''^2\mathrm{d}x+\frac{1}{2}k\omega^2(h)-\int_0^h q(x)\omega\mathrm{d}x-F\omega(h) \tag{3.14}$$

式中，$U(\omega)$——结构系统总势能，J；

ω——煤体横向位移，m；

$\omega(h)$——煤体横向位移在 h 处的值，m；

E——煤体弹性模量，GPa；

I——破碎区煤体的惯性矩，m^4；

k——弹簧刚度，GPa；

F——顶板对煤壁的压力，kN；

$q(x)$——完整区煤体与破碎区煤体的边界应力，MPa；

h——煤壁高度，MPa。

根据最小势能原理可知，使系统总势能取最小值的煤体横向位移函数即为其

真实位移，另式(3.14)的一次变分等于0：

$$\delta U=\int_0^h EI\omega''\delta\omega''\mathrm{d}x+k\omega(h)\delta\omega(h)-\int_0^h q(x)\delta\omega\mathrm{d}x-F\delta\omega(h)=0 \tag{3.15}$$

对式(3.15)进行分部积分可得式(3.16)，继续对式(3.16)进行分部积分可得式(3.17)：

$$\delta U=EI\omega''\delta\omega'\big|_0^h-\int_0^h\frac{\mathrm{d}}{\mathrm{d}x}(EI\omega'')\delta\omega'\mathrm{d}x+k\omega(h)\delta\omega(h)-\int_0^h q(x)\delta\omega\mathrm{d}x-F\delta\omega(h)=0 \tag{3.16}$$

$$\delta U=EI\omega''\delta\omega'\big|_0^h-\frac{\mathrm{d}}{\mathrm{d}x}(EI\omega'')\delta\omega'\big|_0^h+\int_0^h\left[\frac{\mathrm{d}}{\mathrm{d}x}(EI\omega'')-q(x)\right]\delta\omega\mathrm{d}x+k\omega(h)\delta\omega(h)-F\delta\omega(h)=0 \tag{3.17}$$

由于破碎区煤体与底板交界处为固定位移边界，该边界处的位移和转角均等于0：

$$\delta\omega\big|_{x-0}=0\,,\quad \delta\omega'\big|_{x-0}=0 \tag{3.18}$$

将式(3.18)代入式(3.17)可得式(3.19)，由于变分 ω 和$\delta\omega'$取值具有任意性，且 EI 始终大于0，因此由式(3.19)可得式(3.20)：

$$\delta U=EI\omega''\delta\omega'\big|_0^h-\left[\frac{\mathrm{d}}{\mathrm{d}x}(EI\omega'')-k\omega-F\right]+\int_0^h\left[\frac{\mathrm{d}}{\mathrm{d}x}(EI\omega'')-q(x)\right]\delta\omega\mathrm{d}x=0 \tag{3.19}$$

$$\begin{cases}\omega''=0(x=0)\\ \dfrac{\mathrm{d}}{\mathrm{d}x}(EI\omega'')-k\omega+F=0(x=h)\\ \dfrac{\mathrm{d}^2}{\mathrm{d}x^2}(EI\omega'')-q(x)=0(0<x<h)\end{cases} \tag{3.20}$$

式(3.20)中的前两式为破碎区煤体在与顶板交界面上的边界条件，最后一式为破碎区煤体的变形微分方程。破碎区与完整区交界处线性载荷分布 $q(x)=ax$，其中 a 为完整–破碎区交界面上的压应力最大值，则由变形微分方程可得破碎区煤体的变形曲线方程为

$$\omega=\frac{a}{120EI}x^5-\frac{3akh^5+20aEIh^2+40EIF}{80EI(3EI+kh^3)}x^3+\frac{7akh^6+120aEIh^3+360EIFh}{240EI(3EI+kh^3)}x^2 \tag{3.21}$$

式(3.21)为破碎区煤体的水平变形曲线方程。由破碎区煤体的变形特征可知煤壁中必然出现拉应力，根据破碎区煤体的变形特征方程可以确定工作面前方破碎

区煤体中的拉应力分布由式(3.22)确定：

$$\sigma_x = \frac{as}{6I}x^3 - \frac{60aEIh^2 + 9akh^5 + 120EIF}{40I(3EI + kh^3)}sx + \frac{120aEIh^3 + 7akh^6 + 360EIFh}{120I(3EI + kh^3)}s \tag{3.22}$$

式中，s——工作面前方煤壁破碎区宽度，m。

当式(3.22)确定的最大拉应力达到煤体的抗拉强度时，煤壁发生拉伸破坏，煤壁失稳后，贮存于煤体中的弹性能快速释放，部分转化为破碎煤体的初始动能。由此可知，12401 工作面煤壁破坏存在煤块弹射现象。

3.5.3 煤壁结构屈曲失稳条件

随着回采高度的增加，煤壁破坏前可承受的弯曲变形程度增大，此时，煤壁在顶板压力的作用下可能发生结构屈曲失稳，破碎区煤体结构可承受的最大顶板载荷由式(3.23)确定：

$$p_{\max} = \frac{\pi^2 EE_t I}{h^2\left(\sqrt{E} + \sqrt{E_t}\right)^2} \tag{3.23}$$

式中，$p_{\max}$——破碎区煤体可承受的最大载荷，MPa；

E_t——煤体硬化阶段的割线模量，GPa。

当煤壁承受的顶板载荷达到式(3.23)确定的极限值时，煤壁发生结构屈曲失稳。

3.6 采高对煤壁稳定性的影响

3.6.1 煤壁破坏范围确定

为判断煤壁是否发生破坏，应首先得到煤体内的应力分布，采用瑞利-里茨法中的位移变分原理可得到煤壁前方煤体中的位移场和主应力场。为判断煤壁是否发生剪切破坏、破坏危险性及破坏程度，借助莫尔-库仑强度准则建立了破坏危险性系数 k_d，即煤体中任意一点应力状态在应力空间中所绘应力圆的圆心到煤体强度曲线的垂直距离同应力圆半径之差 k_d。当 k_d 大于 0 时，煤体处于完整状态；当 k_d 等于 0 时，煤体处于极限平衡状态；当 k_d 小于 0 时，煤体发生破坏而进入塑性屈服状态，煤体的破坏危险性可由 k_d 值判断：

$$k_d = \frac{1}{2}(\sigma_1 - \sigma_3) + \frac{1}{2}(\sigma_1 + \sigma_3)\sin\varphi - C\cos\varphi \tag{3.24}$$

式中，σ_1、σ_3——最大主应力和最小主应力，MPa；

C——煤体内聚力，MPa；

φ——煤体内摩擦角，(°)。

随着工作面的推进，煤壁揭露后，临近采空侧的浅部煤体首先进入塑性屈服状态，若顶板下沉量过大或液压支架工况不良，煤体中塑性区范围急剧扩展，当塑性区范围达到一定程度时，处于塑性区的煤体在自身重力作用下滑落，发生片帮事故。以往研究对综采工作面煤壁破坏的主要形式进行了实测和总结，指出煤壁存在上部片帮、上下部同时片帮和整体片帮三种形式。

假设图 3.11(b)中力学模型的煤壁前方煤体范围为 10m，采高取 6m，护帮板高度为 3m，煤体弹性模量取 30MPa，泊松比为 0.35，内聚力为 1MPa，内摩擦角为 36°，作用于煤壁上的剪应力取 0.4MPa，等效集中力和等效力矩分别取 2000kN 和 1000kN · m，护帮板护帮载荷取 0.1MPa。在顶板载荷分别取 0.8MPa、1.2MPa 和 1.6MPa 条件下，由图 3.11(b)中的力学模型结合式(3.24)，可得煤体破坏危险性系数分布如图 3.12 所示。煤体中破坏危险性系数 $k_{\rm d}$ 在煤体中存在三种分布形式，破坏危险性系数 $k_{\rm d}$ 等值线等于 0，表示煤壁处于极限平衡区；该等值线左侧 $k_{\rm d}$ 大于 0，煤体处于弹性稳定区；该等值线右侧 $k_{\rm d}$ 小于 0，煤体处于非稳定区，煤壁存在片帮的可能。

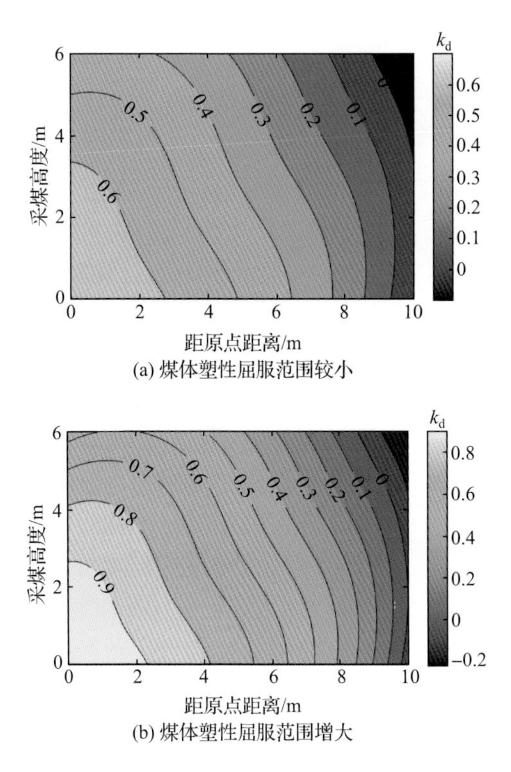

(a) 煤体塑性屈服范围较小

(b) 煤体塑性屈服范围增大

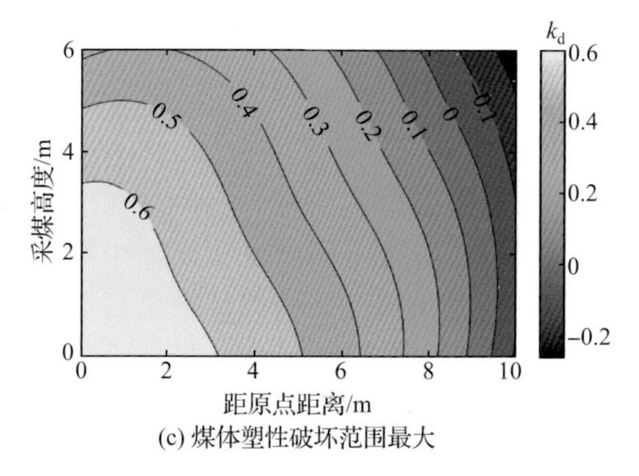

(c) 煤体塑性破坏范围最大

图 3.12 煤体破坏危险性系数分布

图 3.12(a)工作面前方煤体进入塑性屈服的范围较小，此时破坏危险性系数等于 0(煤体处于极限平衡状态)的等值线同煤壁和采煤高度层位面相交。该条件下进入塑性屈服状态的煤块发生滑落，表现为煤壁中上部片帮，是高强度开采工作面最常见煤壁破坏形式。图 3.12(b)进入塑性屈服状态的煤体范围增大，此时破坏危险性系数等于 0 的等值线同采煤高度的上、下层位面相交且同煤壁揭露面相切，若塑性屈服区域煤块同时发生脱落，则表现为煤壁上、下部位同时片帮，且下部片帮程度小于上部。图 3.12(c)进入塑性破坏状态的煤体范围最大，若煤块此时发生倾倒、脱落，则煤壁表现为整体片帮，该片帮形式发生范围大，对作业人员安全和工作面生产的连续性威胁程度最大。

3.6.2 煤壁稳定性敏感性分析

12401 工作面煤体弹性模量取 2GPa，破碎区与完整区交界面上的最大应力值取 0.1MPa，支架护帮板刚度取 5GPa，回采高度为 8.8m，破碎区宽度取 2m。将上述参数代入式(3.21)和式(3.22)可得水平方向上煤壁揭露面上的煤壁变形量和拉应力分布特征，如图 3.13 所示。在煤层与底板的交界处，破碎区为固定位移边界，因此该处的煤壁水平变形量等于 0。煤壁距底板高度小于 2m 的范围内，煤体水平变形量增长缓慢，表明该范围内的煤体受底板约束效应较强。距底板高度大于 2m 后，煤壁水平变形量开始增大。随着距底板高度的增加，煤壁水平变形量的增长速度逐渐升高，在煤壁与顶板的交界处，煤壁水平变形量达到 0.3m。煤层与底板交界处，煤壁中的压应力达到最大值 6MPa，随着距底板高度的增大，煤壁中的拉应力逐渐减小。当煤壁距底板高度达到 2.5m 时，煤壁中的拉应力降低至 0。更高位的煤壁中开始出现拉应力，拉应力随着距底板高度的增加而增大，当煤壁距底板高度达到 6m 时，煤壁中的拉应力达到峰值点，其值约为 4MPa。达到峰值点后，煤壁中的拉应力随着距煤壁距离的增大而减小，在煤层与顶板的交界面处减小至 0。

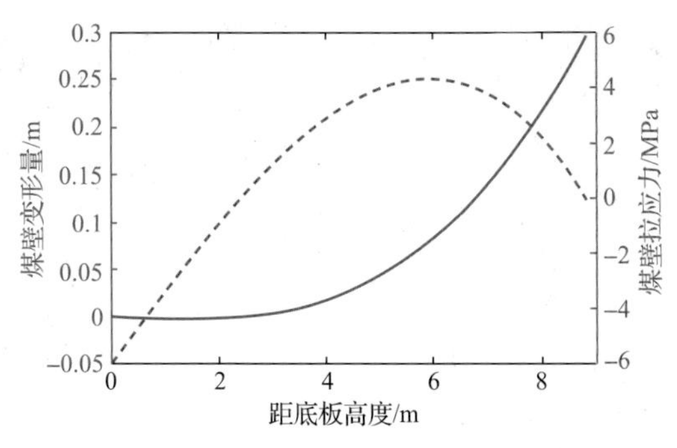

图 3.13　煤壁变形量和拉应力分布特征

不同采高条件下煤壁变形量和拉应力变化如图 3.14 所示。随着采高的增加，煤壁横向变形量呈非线性增大，采高由 2.2m 增加至 11m 的过程中，煤壁的最大横向变形量由 0.0003m 增加至 0.9m。煤壁中的拉应力同样随着采高的增加呈非线性增大趋势，采高由 2.2m 增加至 11m 的过程中，煤壁中的拉应力由 0.06MPa 增加至 8.4MPa。由上述分析可知，随着采高的增加，煤壁变形量和拉应力均表现出增大的趋势，煤壁发生破坏失稳现象的概率增加，稳定性降低。

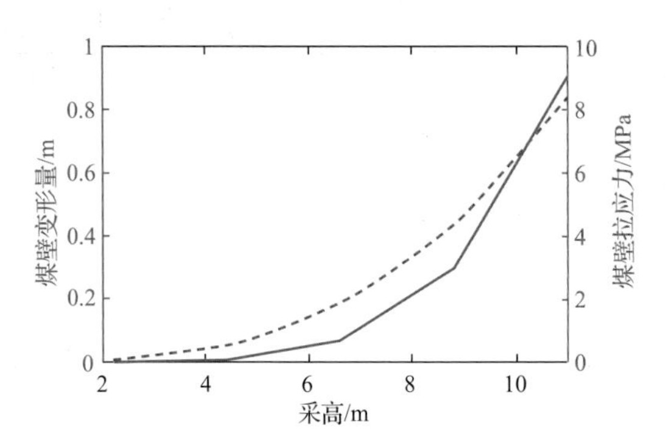

图 3.14　采高对煤壁变形量和拉应力的影响

3.6.3　采高效应室内实验验证

为验证理论分析结果的可靠性，设计不同采高的煤壁稳定性物理相似模拟实验。本次实验采用自主研发的大采高采场围岩稳定性模拟实验平台，可模拟煤壁强度、采高、顶板载荷及支架刚度等因素对煤壁稳定性的影响。本次实验按照 1∶10 的相似比铺设采高 3m、5m、7m 和 9m 的四台物理相似实验模型，如图 3.15 所示。实验过程中以 0.25kN/s 的速度加载顶板压力，同时采用压力传感器对支架阻力进行实时记录。顶板加载过程中，定时采用激光测距仪测量煤壁的水平变形量。

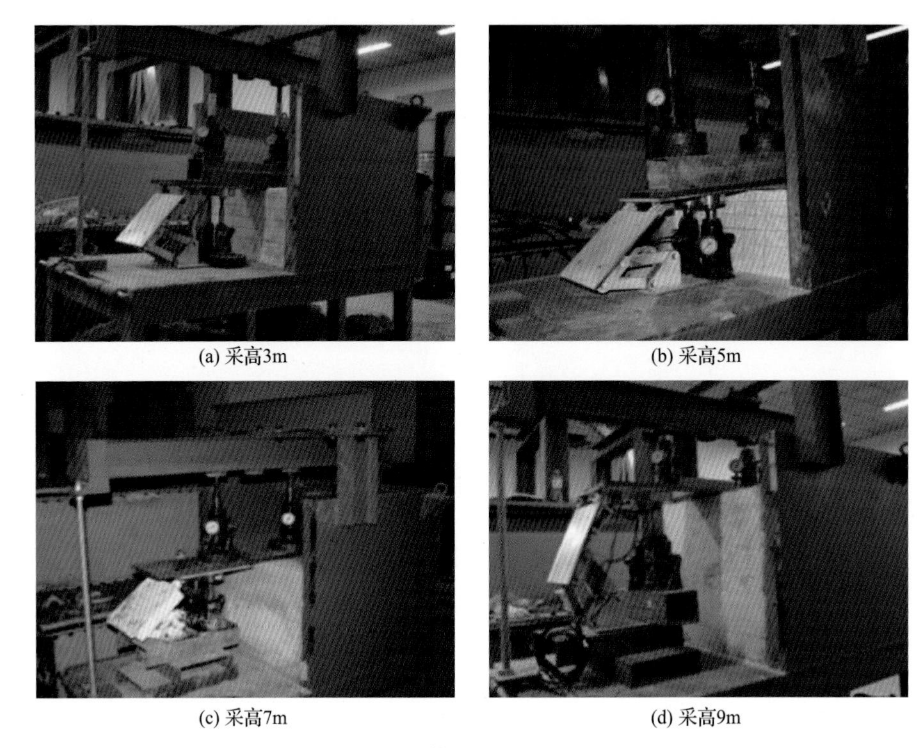
(a) 采高3m　(b) 采高5m　(c) 采高7m　(d) 采高9m

图 3.15　物理相似实验模型

实验获得的不同采高条件下煤壁破坏裂隙贯通前的顶板压力和煤壁变形量，如图 3.16 所示。随着采高的增加，煤壁顶板压力呈现降低趋势，煤体强度不变的条件下，当采高由 3m 增加至 9m 时，煤壁可承受的顶板压力由 20.0kN 降低至 7.9kN，而煤壁变形量则由 6mm 增加至 12mm。上述实验结果表明，随着采高的增加，煤壁顶板压力减小，变形量增大，稳定性降低，实验结果同理论分析结果一致。

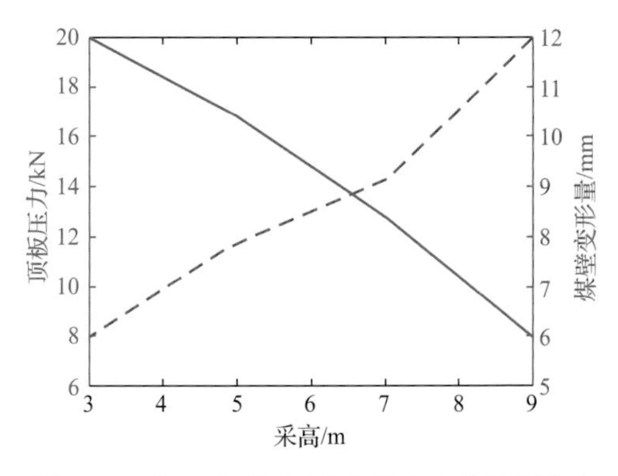

图 3.16　采高对顶板压力和煤壁变形量的影响

实验结束后煤壁的最终破坏形态如图 3.17 所示。采高 3m 的条件下，当顶板压力达到 20.0kN 时，煤壁中出现贯通裂隙，出现块体脱落现象，此时煤壁表现为上部片帮，片帮高度约为 8cm，片帮深度约为 3cm；采高增加至 5m，顶板压力达到 16.8kN 时，煤壁发生破坏脱落现象，同采高 3m 相比，煤壁破坏范围增加，表现为中上部片帮，片帮深度为 5cm；采高增加至 7m，顶板压力达到 13.0kN 时，煤壁发生破坏现象，此时片帮范围扩展至地板附近，片帮深度达到 9.5cm；采高增加至 9m 时，煤壁的顶板压力降低至 8.0kN，煤壁全高发生破坏，表现为整体片帮形式，片帮深度增加至 13cm。由不同采高条件下煤壁的破坏形态可知，随着采高的增加，煤壁破坏范围扩大，片帮程度增大。

(a) 采高3m　(b) 采高5m　(c) 采高7m　(d) 采高9m

图 3.17　实验结束后煤壁的最终破坏形态

3.7 浅埋大采高工作面围岩控制原则

3.7.1 缓解煤壁载荷

坚硬厚顶板条件下，基本顶来压期间是煤壁破坏片帮事故的高发期。该条件下基本顶在架后形成悬臂梁结构，最后基本顶的破坏形成了独立关键块，具体形态如图 3.18 所示。在坚硬的顶板条件下，当基本顶发生动力破坏时，破坏前所存储的一部分应变能将会转变为基本顶的破坏面表面能，剩余的一部分将会转变为岩石发生破坏时的初始动能，这将会导致煤壁的进一步大面积破坏。基本顶在破坏后，岩块所能得到的初始动能：

$$E_{ki} = \frac{1}{2}mV^2 = \alpha W_e \tag{3.25}$$

式中，E_{ki}——基本顶发生破坏后岩石所能获得的初始动能，J；

m——基本顶发生破坏后岩石的总质量，kg；

V——基本顶发生破坏后岩石在动力作用下破坏的启动速度，m/s；

α——岩石破坏后所获得的初始动能占基本顶总应变能的比例；

W_e——基本顶的总体应变能，J。

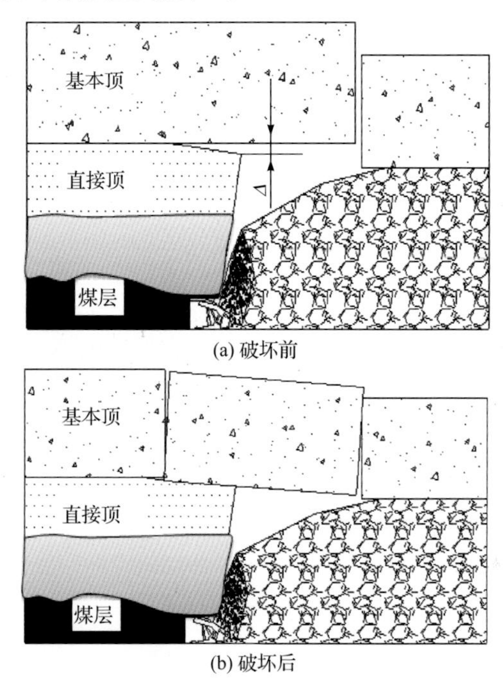

图 3.18　基本顶破坏形态

存储于基本顶中的弹性能可由式(3.26)求出：

$$W_e = (1+\nu_m^2)\left(\frac{q_m^2 L_{max}^5}{40E_m I} + \frac{q_m^2 H_m L_{max}}{2E_m}\right) - \frac{H_m}{E_m}\frac{(1-\nu_m^2)(1-\beta^2)\sigma_{mt}^2 + 2(1-\beta)\nu_m^2 q_m \sigma_{mt}}{6(L_{max}-L_{ini})} \tag{3.26}$$

式中，E_m——基本顶岩石的弹性模量，MPa；

ν_m——基本顶岩石的泊松比；

q_m——作用在基本顶上的随动载荷，MPa；

σ_{mt}——基本顶岩石的抗拉强度，MPa；

H_m——基本顶的总体厚度，m；

β——基本顶岩石的脆性跌落系数；

L_{ini}、L_{max}——基本顶岩石中的初始屈服距离以及岩石完全断裂和失稳时的跨度距离，m。

当支架的刚度太小或者支架的额定工作阻力不够充足时，采区支撑的活柱将会下缩较大时才能够确定保证支架的阻力、煤壁及顶板之间形成的系统最终处于平衡状态，在该条件下直接顶将会和基本顶之间出现离层距离Δ，如图3.18(a)所示。当基本顶发生破坏后，破坏的岩块将会经过一段自由落体的运动，之后会与下一个位置的直接顶相互接触，再经过几次回转之后和采空区的基本顶岩块发生相互接触并形成各个单关键块结构，最终将会再一次进入平衡状态，如图3.18(b)所示。大量实测结果显示，煤壁片帮大概率会发生在基本顶的来压受力期间，基本顶岩石发生破坏后将会再一次进入平衡状态，煤壁破坏呈高发期显现。基本顶岩石动力破坏后形成的冲击波作用在煤壁表面形成最大载荷。图3.19为基本顶冲击力学模型，在分析基本顶的岩块形成冲击波时，完整的煤体刚度、支架上方岩石的破坏将会导致直接顶的刚度和支架的刚度对煤壁变形产生影响。

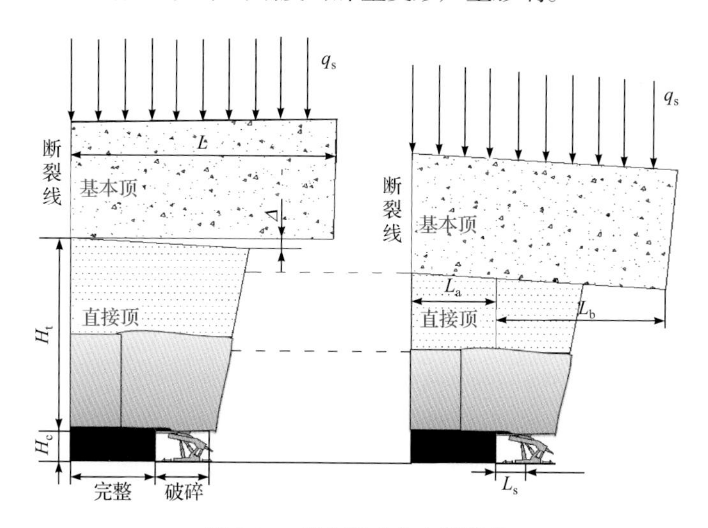

图3.19　基本顶冲击力学模型

为了能够更有效地进行理论分析，将直接顶看作和直接顶岩石物理力学性质相同的材料，这样可把直接顶的厚度视为实际的直接顶厚度。直接顶可以看作连续的损伤变形体，并且直接顶岩石的弹性模量会随着岩石的损伤模量增大而减小。岩石破坏导致直接顶的刚度变化，这种变化被称为煤壁的分界线。最后，可以把煤壁前面的直接顶看作完整的煤体，控顶区的直接顶可以视为破碎的煤体，把它们看作不同的材料。当基本顶的岩石发生冲击破坏之后，煤壁前方和后方的煤层变形量是相同的，所以可以得到：

$$s_{\mathrm{i}} = s_{\mathrm{b}} + s_{\mathrm{s}} \tag{3.27}$$

式中，s_{i}——煤壁前方完整直接顶变形量，m；

s_{b}——煤壁后方破碎直接顶变形量，m；

s_{s}——液压支架活柱下缩量，m。

完整直接顶和破碎直接顶岩石的应变量分别为

$$\varepsilon_{\mathrm{i}} = \frac{s_{\mathrm{i}}}{H_{\mathrm{c}} + H_{\mathrm{t}}}, \quad \varepsilon_{\mathrm{b}} = \frac{s_{\mathrm{b}}}{H_{\mathrm{t}}} \tag{3.28}$$

式中，ε_{i}、ε_{b}——完整直接顶岩石的应变、破碎直接顶岩石的应变；

H_{c}、H_{t}——切割煤层的高度及完整直接顶的厚度，m。

可以忽略直接顶的自身重量，以及假设在直接顶中分布的垂直正应力是同时分布在支架的顶梁上面，可以得到：

$$E_{\mathrm{b}}\varepsilon_{\mathrm{b}}L_{\mathrm{s}} = \frac{Ks_{\mathrm{s}}}{B} \tag{3.29}$$

式中，E_{b}——直接顶发生破坏后岩石的弹性模量，GPa；

L_{s}——控制顶的距离，m；

K——液压支架的刚度，kN/m；

B——液压支架的水平总宽度，m。

基本顶的岩石发生冲击破坏之后，将导致直接顶的继续破坏，使得基本顶岩石中所拥有的机械能一部分以应变能的方式存储在完整的煤体、发生破坏的煤体及支护的液压支架当中，剩余能量将转变为直接顶岩石裂隙中的表面能以及发生摩擦所产生的热能。最后，根据能量守恒原理，得出：

$$\frac{1}{2}E_{\mathrm{i}}\varepsilon_{\mathrm{i}}^{2}L_{\mathrm{a}}\left(H_{\mathrm{c}} + H_{\mathrm{t}}\right) + \frac{1}{2}E_{\mathrm{b}}\varepsilon_{\mathrm{b}}^{2}L_{\mathrm{s}}H_{\mathrm{t}} + \frac{1}{2}\frac{Ks_{\mathrm{s}}^{2}}{B} + \eta W = W \tag{3.30}$$

式中，η——岩石中的裂隙表面能和热能所占总能量的比例；

W——岩块破坏后获得的动能及重力减少的势能的总和，J。

$W=E_{\mathrm{ki}}+(Q+G)(\varDelta+S_{\mathrm{i}})$，$G+Q$ 为基本顶中的岩石变形量，即

$$s_{\mathrm{i}} = \frac{(b+c)d + \sqrt{(b+c)^{2}d^{2} + 4(b+c)(ab+bc+ac)R}}{2(ab+bc+ac)},$$

$$s_{\mathrm{b}} = \frac{cs_{i}}{b+c}, \quad s_{\mathrm{s}} = \frac{bs_{\mathrm{i}}}{b+c} \tag{3.31}$$

其中，

$$a = L_a E_i / (2H_t + 2H_c)$$
$$b = L_s E_b / (2H_t)$$
$$c = K / (2B)$$
$$d = (1-\eta)(G+Q)$$
$$R = (1-\eta)\left[E_k + (G+Q)\Delta\right]$$

基本顶的岩块在冲击波作用下将会对前面煤层中的煤体施加一个载荷，并且通过式(3.25)、式(3.26)和弹性体的本构关系可以得出基本顶岩石发生破坏后对煤体施加载荷的最大值：

$$q_c = E_i \frac{(b+c)d + \sqrt{(b+c)^2 d^2 + 4(b+c)(ab+bc+ac)R}}{2(ab+bc+ac)(H_c+H_t)} \tag{3.32}$$

分析了完整体的煤块刚度以及破坏后的直接顶岩石刚度共同对煤壁施加载荷的情况之后，将煤体的弹性模量设置为 60MPa；破坏后的直接顶岩石的弹性模量设置为 12MPa；液压支架的刚度设置为 12MN/m；基本顶的岩石破坏距离为 5m；煤壁后面的基本顶的厚度设计为 15m，直接顶的厚度为 6m，液压支架的水平总宽度设置为 2.5m，基本顶和直接顶相互离层的距离设置为 0.1m，基本顶的岩石重力为 4.32MN，块重力为 2.7MN，基本顶发生破坏后岩石所具有的初始动能为 0.6MJ，直接顶及直接顶岩石的吸收能量的系数为 0.3。以上述参数为基准代入式(3.32)，可得煤壁前方煤体初始弹性模量、破坏直接顶弹性模量及支架刚度对顶板载荷的影响如图 3.20 所示。

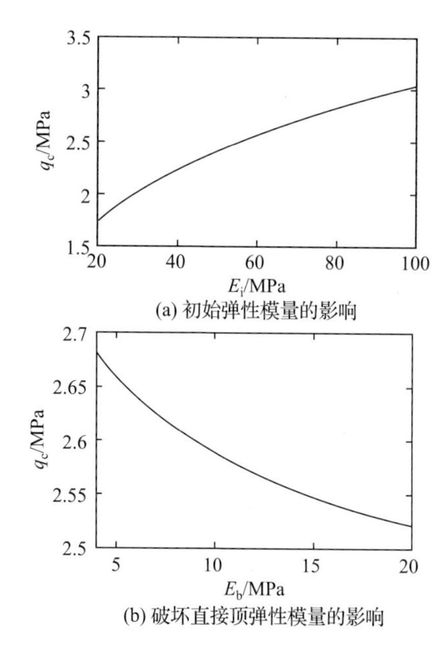

(a) 初始弹性模量的影响

(b) 破坏直接顶弹性模量的影响

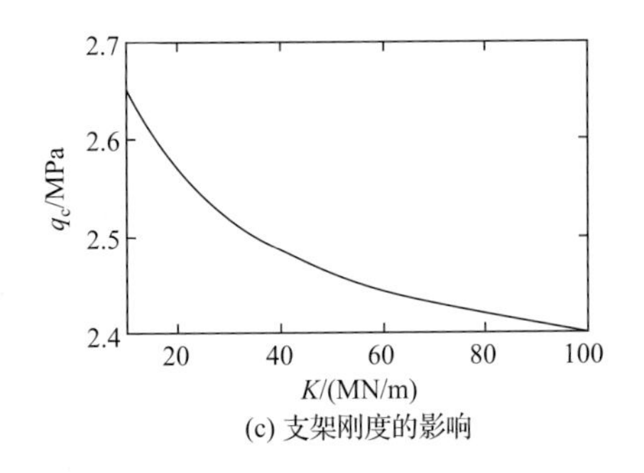

(c) 支架刚度的影响

图 3.20　顶板载荷 q_c 的影响因素

不同直接顶破坏程度(控顶区直接顶弹性模量)的条件下，支架刚度对煤壁载荷的控制能力完全不同，如图 3.21 所示。当直接顶破坏程度较低时(弹性模量为 60MPa)，支架刚度由 10MN/m 升高至 100MN/m 均可有效缓解煤壁承受的顶板载荷；直接顶破坏程度较高时(弹性模量为 12MPa)，当支架刚度升高至 50MN/m 时，对煤壁承受顶板载荷的控制能力便不再发生改变，该条件下选取 100MN/m 和 50MN/m 的支架对顶板和煤壁的控制能力大致相同，若选取前者便会造成资金浪费。因此，考虑到煤壁和顶板控制进行支架选型时，应根据实际煤壁后方直接顶和直接顶的破坏情况进行支架型号选取。若控顶区直接顶和直接顶破坏程度低，可选取大刚度液压支架，同时缓解煤壁压力和促进直接顶的破坏垮落；若控顶区直接顶和直接顶破坏程度高，盲目选取大刚度液压支架不但对缓解煤壁压力的效果不佳，还会造成资金浪费。

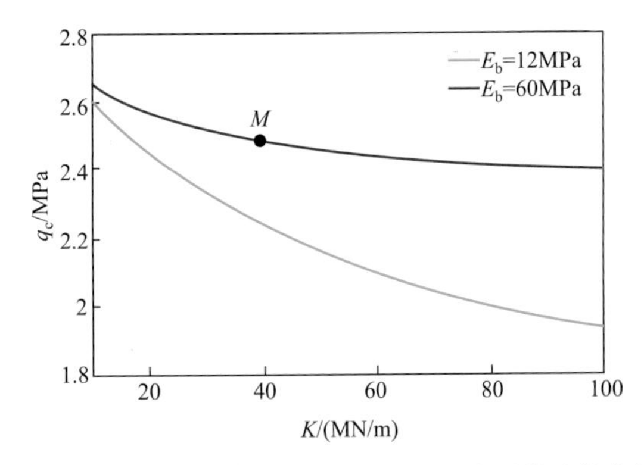

图 3.21　不同直接顶破坏程度条件下支架刚度对煤壁载荷的影响

M 点表示在该水平后支架刚度对煤壁载荷的影响程度明显降低

3.7.2　降低煤壁集中力

基本顶岩块冲击过程中，作用于煤壁上的集中力同基本顶、随动岩块重力、基本顶岩块悬露长度 L_b 及支架阻力有关。在前两者一定的条件下，支架阻力越大，支架承担的顶板压力越大，作用于煤壁上的集中力越小，煤壁稳定性越好，由式(3.31)及支架刚度可得支架阻力的计算公式为

$$F = K\frac{(b+c)bd + b\sqrt{(b+c)^2 d^2 + 4(b+c)(ab+bc+ac)R}}{2(b+c)(ab+bc+ac)} \tag{3.33}$$

将式(3.31)中的参数代入式(3.33)，可得煤壁前方煤体初始弹性模量、破坏直接顶弹性模量及支架刚度对实际支架阻力的影响，如图 3.22 所示。支架阻力随着煤壁前方煤体初始弹性模量的增大而降低，随着破坏直接顶弹性模量和支架刚度的增大而升高。随着三种影响因素值的增大，其对支架阻力的影响程度逐渐降低。因此，在进行支架额定工作阻力选取时应根据实际情况进行选取，若盲目选取高额定工作阻力液压支架，而控顶区直接顶或支架刚度较低，支架承受的最大顶板压力达不到预计额定工作阻力，支架承载能力得不到充分发挥，造成资源浪费。

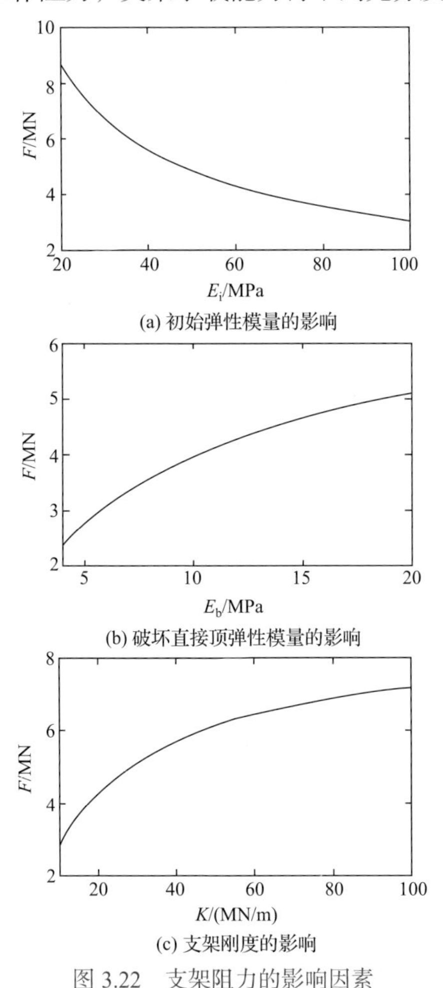

图 3.22　支架阻力的影响因素

支架承受的最大顶板压力同支架刚度之间的关系同样受到控顶区直接顶和直接顶破坏程度的影响，如图 3.23 所示。直接顶破坏程度较低时，随着支架刚度的增大，支架可能承受的顶板压力持续增加，该条件下选取高刚度、高额定工作阻力的液压支架可有效降低作用于煤壁的等效集中力。若控顶区直接顶弹性模量小，当支架刚度达到 50MN/m 后，继续增大支架刚度，支架承受的最大压力为 5000kN，且基本保持不变，即该条件下选取刚度 50MN/m、额定工作阻力 5000kN 的支架便可达到煤壁稳定性控制的最优化。若选取支架额定工作阻力远大于 5000kN 或支架刚度大于 50MN/m，提高支架刚度成本升高，但对支架承载作用提升有限，且会造成支架额定工作阻力的浪费，对煤壁和顶板稳定性的控制效果得不到明显提升。

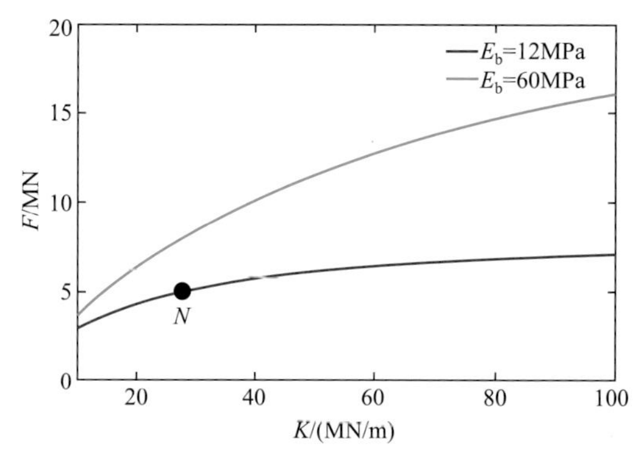

图 3.23 不同直接顶破坏程度条件下支架刚度对顶板压力的影响

N 点表示在该水平后支架刚度对顶板压力的影响程度明显降低

3.8 大采高采场液压支架选型原则

工作面前方煤壁–基本顶–控顶区直接顶–液压支架组成一个完整的采场力学平衡系统。基本顶作为系统中的唯一力源，其载荷由煤壁和支架共同承担，系统载荷分配关系则受各组成部分刚度的影响。工作面设计初期需进行液压支架选型，主要工作为确定支架刚度和额定工作阻力对开采条件的适应性。支架额定工作阻力需要同时满足两个条件：①保证基本顶结构平衡；②保证工作面煤壁稳定。上述两个基本条件没有考虑支架刚度这一影响因素，该因素为本节分析的重点。

支架的刚度影响作用于煤壁，并通过直接顶传递至支架上的顶板压力，从而影响煤壁和顶板稳定性。由图 3.20(c)和图 3.22(c)可知，作用于煤壁上的顶板载荷随着支架刚度的增大而减小，通过直接顶传递至支架的顶板压力则随着支架刚度的增大而升高。产生上述现象是因为顶板力源是一定的，且由煤壁和支架同时承担，平衡系统中支架载荷的升高必然导致煤壁载荷的降低。由图 3.20(c)和图 3.22(c)还可以看出，低刚度、高额定工作阻力支架不仅对提高支架阻力和缓解煤壁压力无益，还会造成支架额定工作阻力利用率过低。因此，选取高额定工作阻力支架必须以选择高刚度液压支架为前提。由图 3.21 和图 3.23 可知，液压支架在促进煤壁稳定性和支撑基本顶结构平衡中的作用同样受到控顶区破碎直接顶刚度的影响，控顶区直接顶刚度较大的条件下，选取高刚度、高额定工作阻力可有效促进煤壁和顶板的稳定性；控顶区直接顶刚度较小的条件下，适合选取低支架刚度，选择原则为支架刚度在该水平对煤壁压力和支架阻力的影响程度明显降低，如图 3.21 和图 3.23 中的 M 点和 N 点所示。支架刚度确定后，图 3.21 和图 3.23 中曲线上该刚度对应的支架阻力最大值即可选为支架额定工作阻力。控顶区直接顶弹性模量较小的条件下，支架刚度的提高不会明显提高支架支撑力从而降低煤壁压力。因此，选取高刚度、高额定工作阻力液压支架需要以高控顶区直接顶弹性模量为前提。

综上分析可知，基于煤壁和顶板稳定性进行液压支架选型，应按图 3.24 所示

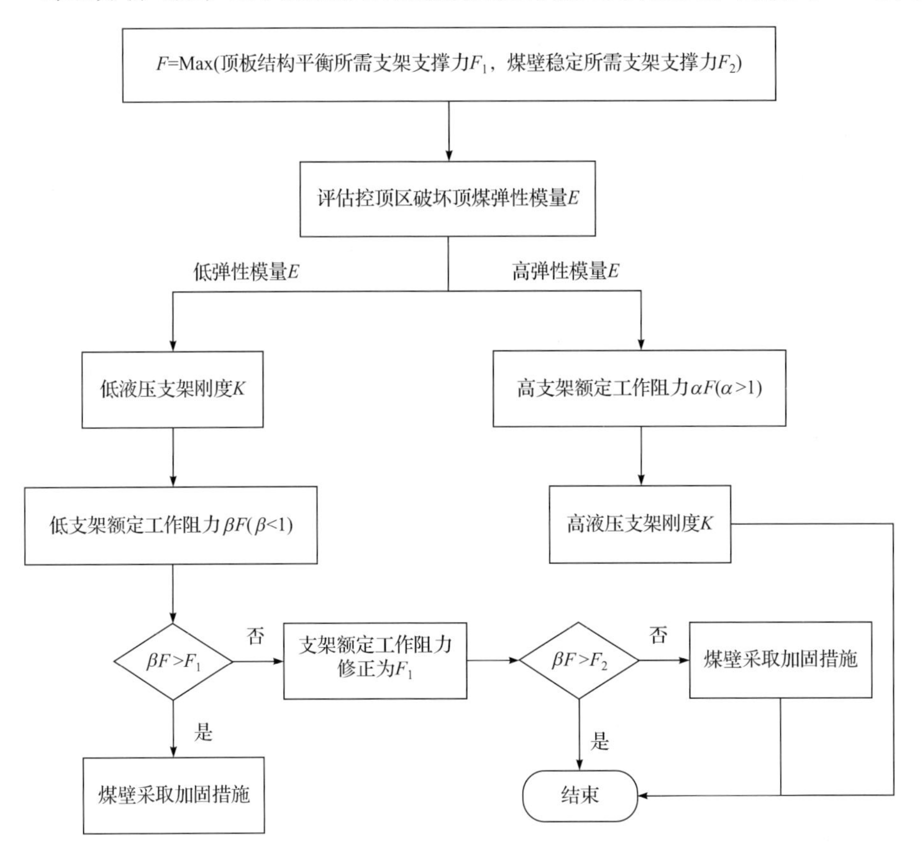

图 3.24　基于顶板与煤壁控制的液压支架选型方法

的方法。首先确定同时保证顶板结构平衡和煤壁稳定所需的支架支撑力 F，然后评估控顶区破坏直接顶刚度。结合式(3.33)，若破坏直接顶刚度能够使支架阻力达到 F 则为高控顶区直接顶刚度，否则定义为低控顶区直接顶刚度。高控顶区直接顶刚度条件下，选择高额定工作阻力液压支架，并根据图 3.23 中的曲线确定达到该额定工作阻力所需的液压支架刚度；低控顶区直接顶刚度条件下，根据选取原则确定合理的低液压支架刚度和低额定工作阻力。若低额定工作阻力大于保证顶板结构平衡所需支撑力 F，则煤壁采取加固措施，否则将支架额定阻力修正为 F_1 并继续判断低额定工作阻力是否大于保证煤壁稳定所需的支架支撑力 F_2，若大于，则结束，否则煤壁采取加固措施。高控顶区直接顶弹性模量是选取高额定工作阻力和高刚度液压支架的必要条件(“三高”)，低控顶区直接顶弹性模量是选取低刚度和低额定工作阻力液压支架的必要条件(“三低”)。工作面保证“三高”或“三低”条件同时满足，才能使液压支架选型达到最优的目的，但仅前者可以达到同时控制煤壁和顶板稳定要求。

图 3.24 表明，开采设计进行液压支架选型时，若想同时达到控制顶板和煤壁稳定的目的，应首先评估控顶区直接顶弹性模量大小。一般来说，直接顶弹性模量随着损伤破坏程度的提高而降低，为确定控顶区直接顶破坏程度对弹性模量的影响，准备不同破碎块度煤样，如图 3.25 所示。

图 3.25　不同破碎块度煤样

对于不同的破碎块度煤样进行限制试件的侧向变形实验，其中 I 是粒径不超过 3mm 的煤粉，V 是较为完整的煤样，从 I ～ V 的煤样的粒径渐渐加大。煤样的块度大小可以直接反映出直接顶所受到破坏的程度。对于不同破碎块度煤样，限制它的侧向变形所做出的应力–应变曲线见图 3.26。

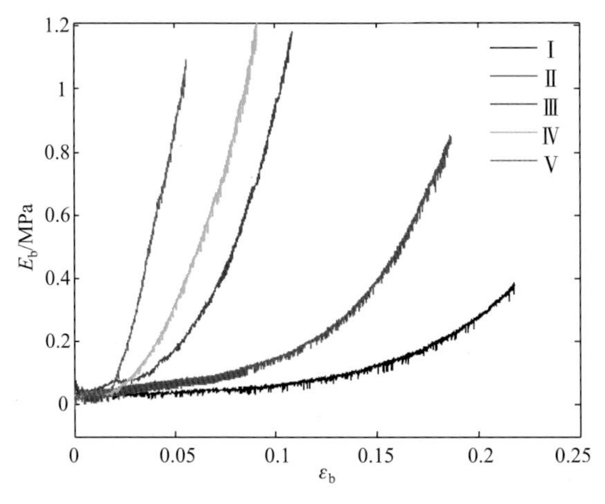

图 3.26　不同破碎块度煤样应力–应变曲线

3.9 本章小结

(1) 根据浅埋薄基岩采场覆岩结构特点，以及工作面顶板切落出现台阶下沉，根据采高、基岩厚度及顶板的碎胀系数之间的关系对薄基岩进行定义，认为 12401 工作面为典型浅埋薄基岩采场。

(2) 分析了流沙进入覆岩结构时破断岩块的运动过程，工作面快速推进的情况下，根据支架控顶距的不同，关键块出现两种失稳运动形式，控顶距很大时发生自由落体式失稳，否则发生回转失稳；分析了流沙对关键块运动过程的影响，当流沙颗粒进入铰接面时，结构的必然自由落体式失稳，造成浅埋工作面台阶下沉现象。

(3) 针对两种失稳模式，分别利用动载荷法给出了支架所受最大冲击作用力的确定方法，控顶距较小时，支架承担的冲击力是关键块自由落体式失稳时的五分之三，高速推进的浅埋工作面适当减小控顶距有利于顶板控制。

(4) 随着工作面长度增加，作用于顶板之上的随动载荷增大，浅埋煤层开采过程中，基本顶随动载荷大于简支顶板极限承载能力，使顶板四周和中间断裂线同时出现，这是造成浅埋工作面来压强度剧烈的主要原因，采用数值计算验证了 12401 工作面长度取 300m 是合理的。

(5) 浅埋条件下工作面前方煤体破坏范围小，工作面揭露煤体损伤程度低，采动影响下煤壁中上部发生动力破坏，破碎煤体伴生初始启动速度，解释了 8.8m 大采高综采工作面采场煤壁抛掷型破坏发生机理；建立了浅埋大采高采场煤壁力学模型，得到煤壁发生拉伸破坏和结构屈曲失稳的力学条件。

(6) 煤壁下部受底板约束，水平变形量接近等于 0，煤体中无拉应力分布；煤壁中上部水平变形量随着距底板高度的增加而增大，煤体中出现拉应力分布，其值随着距底板高度的增加先升高后降低至 0。因此，实测煤壁中上部破坏最为严重。

(7) 设计了不同采高条件下煤壁稳定性物理相似模拟实验，采高由 3m 增加至 9m，煤层变形量由 6mm 增加至 12mm，顶板压力由 20.0kN 降低至 7.9kN，煤壁片帮深度由 3cm 增加至 13cm。

(8) 工作面前方煤壁-基本顶-控顶区直接顶-液压支架构成一个完整的采场力学平衡系统，采用能量法得到煤壁压力、支架阻力同系统各组分刚度之间的关系，煤壁压力随着完整煤体刚度的增大而升高，随着破坏直接顶和支架刚度的增大而降低，支架阻力则呈相反的变化趋势。

(9) 构建了基于煤壁和顶板控制的 8.8m 大采高采场液压支架选型方法，同时满足“三高”(高控顶区直接顶弹性模量、高液压刚度支架和高额定工作阻力)或“三低”(低控顶区直接顶弹性模量、低液压刚度支架和低额定工作阻力)条件符合采场最优化设计目标。

第4章

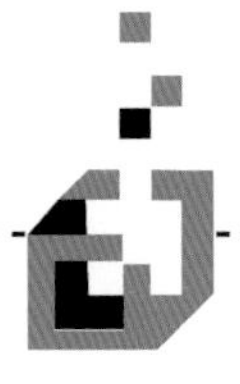

浅埋 8.8m 大采高采场覆岩运动特征与采动应力动态演化

随着采动范围的变化，覆岩运动特征和采动应力分布均处于不断变化的过程中，大采高采场围岩控制准则也应随工作面推进阶段的改变而适当变化，本章采用物理相似材料模拟和数值计算方法对 12401 工作面推进过程中覆岩运动和采动应力分布进行了研究，得到覆岩“三带”发育规律和采动应力动态演化过程。

4.1 相似材料选取及其模型设计

根据物理相似材料模拟理论，在模型实验中应采用相似材料来制作模型，选择相似材料的基本要求：主要的力学性质同模拟原型的结构相似；材料在实验期间力学性质稳定，避免受外界环境大的影响；有规律地改变材料配比及调整力学性质。根据此次模拟实验的岩层力学性质与实际需求，选择骨料为石英砂，胶结物为石灰、石膏，云母粉作岩层间隔物，如图 4.1 所示。

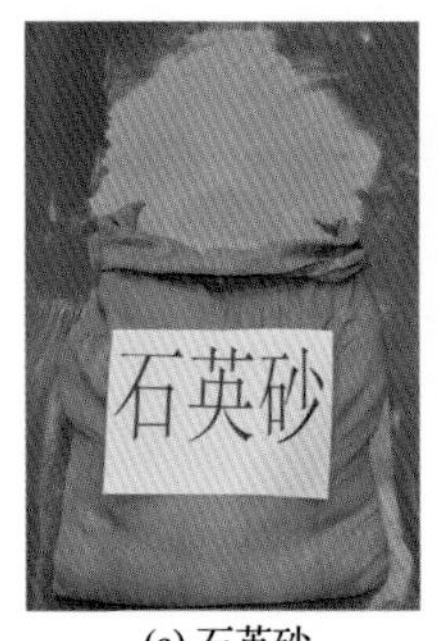

(a) 石英砂

(b) 石灰

(c) 石膏

(d) 云母粉

图 4.1　制作模型使用的材料

根据相似材料模拟准则，相似材料模拟主要以长度比、应力比和时间比为参数指标。

(1) 长度比表示如下：

$$\alpha_L = \frac{L_{\mathrm{H}}}{L_{\mathrm{M}}} \tag{4.1}$$

式中，α_L——原型与模型长度比；

L_{M}——模型广义长度，m；

L_{H}——原型广义长度，m。

(2) 应力比表示如下：

$$\alpha_\sigma = \frac{\sigma_{\mathrm{H}}}{\sigma_{\mathrm{M}}} = \frac{\gamma_{\mathrm{H}}}{\gamma_{\mathrm{M}}}\alpha_L \tag{4.2}$$

式中，α_σ——原型与模型的应力比；

σ_{M}——模型应力，MPa；

σ_{H}——原型应力，MPa；

γ_{H}——煤岩平均视密度，$\mathrm{kg/m^3}$；

γ_{M}——相似材料平均视密度，$\mathrm{kg/m^3}$。

(3) 时间比表示如下：

$$\alpha_t = \frac{t_{\mathrm{H}}}{t_{\mathrm{M}}} = \sqrt{\alpha_L} \tag{4.3}$$

式中，α_t——原型运动与模型运动的时间比；

t_{H}——原型运动所需时间；

t_{M}——模型运动所需时间。

根据研究需要选用实验台，α_L=150，α_t=12.25。模型装填尺寸长、宽、高分别为 3000mm、300mm、1680mm。相似材料模拟岩石物理力学参数见表 4.1，相似材料模拟实验材料配比见表 4.2。实验网格线按照尺寸 100mm×100mm 进行铺设，横向 29 条，纵向 15 条，横纵网格线交点处为位移监测点，实验共布置 435 个位移监测点，在监测点粘贴非编码标志点，通过 XJTUDP 三维光学摄影测量系统监测位移(图 4.2)。49.26m 硬层和 87.3m 主关键层分别布置 9 个应力测点，利用 YJZ-32A 智能数字应变仪实现应力实时监测。

表 4.1　相似材料模拟岩石物理力学参数

序号	岩层名称	实际厚度/m	模型厚度/cm	体积力/($\mathrm{kN/m^3}$)	抗拉强度/MPa	弹性模量/GPa	配比号
50	风积砂	20.85	13.90	17.00	2.38	4.00	673
49	砂质泥岩	1.65	1.10	24.10	3.60	18.00	673

续表

序号	岩层名称	实际厚度/m	模型厚度/cm	体积力/(kN/m^3)	抗拉强度/MPa	弹性模量/GPa	配比号
48	粉砂岩	6.05	4.03	23.80	4.45	35.00	637
47	砂质泥岩	4.50	3.00	24.10	3.60	18.00	573
46	粉砂岩	9.76	6.51	23.80	4.45	35.00	637
45	细粒砂岩	2.44	1.63	23.90	7.20	32.00	455
44	粉砂岩	2.19	1.46	23.80	4.45	35.00	637
43	中粒砂岩	1.50	1.00	24.80	6.13	38.00	637
42	砂质泥岩	4.27	2.85	24.10	3.60	18.00	637
41	粉砂岩	4.25	2.83	23.80	4.45	35.00	637
40	中粒砂岩	3.85	2.57	24.80	6.13	38.00	437
39	粉砂岩	1.90	1.27	23.80	4.45	35.00	637
38	细粒砂岩	1.10	0.73	23.90	7.20	32.00	573
37	砂质泥岩	5.20	3.47	24.10	3.60	18.00	573
36	粉砂岩	11.50	7.67	23.80	4.45	35.00	637
35	细粒砂岩	2.80	1.87	23.90	7.20	32.00	455
34	粉砂岩	9.50	6.33	24.80	6.13	38.00	437
33	中粒砂岩	8.14	5.43	23.80	4.45	35.00	337
32	细粒砂岩	3.50	2.33	24.80	6.13	38.00	455
31	粉砂岩	1.16	0.77	23.80	4.45	35.00	455
30	细粒砂岩	3.50	2.33	23.90	7.20	32.00	455
29	粉砂岩	4.77	3.18	23.80	4.45	35.00	455
28	细粒砂岩	1.40	0.93	23.90	7.20	32.00	455
27	粉砂岩	5.82	3.88	23.80	4.45	35.00	637
26	细粒砂岩	2.16	1.44	23.90	7.20	32.00	455
25	中粒砂岩	2.23	1.49	24.80	6.13	38.00	437
24	粉砂岩	2.25	1.50	23.80	4.45	35.00	637
23	细砂岩	1.30	0.87	23.90	7.20	32.00	637
22	粉砂岩	6.13	4.09	23.80	4.45	35.00	637
21	细粒砂岩	2.00	1.33	23.90	7.20	32.00	637
20	粉砂岩	5.26	3.51	23.80	4.45	35.00	637

续表

序号	岩层名称	实际厚度/m	模型厚度/cm	体积力/(kN/m³)	抗拉强度/MPa	弹性模量/GPa	配比号
19	砂质泥岩	2.52	1.68	24.10	3.60	18.00	637
18	细粒砂岩	1.40	0.93	23.90	7.20	32.00	455
17	粉砂岩	12.09	8.06	23.80	4.45	35.00	355
16	细粒砂岩	1.69	1.13	23.90	7.20	32.00	455
15	粉砂岩	0.90	0.60	23.80	4.45	35.00	455
14	细粒砂岩	3.47	2.31	23.90	7.20	32.00	455
13	泥岩	0.75	0.50	24.60	6.22	21.00	455
12	中粒砂岩	13.71	9.15	24.80	6.13	38.00	437
11	粉砂岩	1.28	0.85	23.80	4.45	35.00	455
10	细粒砂岩	8.05	5.37	23.90	7.20	32.00	455
9	1^{-2}煤	8.80	5.87	14.70	2.38	23.00	673
8	粉砂岩	0.98	0.65	23.80	4.45	35.00	637
7	黏土岩	0.96	0.64	23.80	4.45	35.00	637
6	粉砂岩	3.80	2.53	23.80	4.45	35.00	437
5	中粒砂岩	11.05	7.37	24.80	6.13	38.00	437
4	粉砂岩	0.50	0.33	23.80	4.45	35.00	437
3	砂岩	6.41	4.27	24.80	6.13	38.00	437
2	砂岩	3.30	2.20	24.80	6.13	38.00	437
1	细粒砂岩	6.05	4.03	23.80	4.45	35.00	637

表 4.2 相似材料模拟实验材料配比

配比号	砂胶质量比	石灰与石膏胶结物质量比	水固质量比	视密度/(g/m³)
337	3：1	3：7	1：9	1.8
355	3：1	1：1	1：9	1.8
437	4：1	3：7	1：9	1.8
455	4：1	1：1	1：9	1.8
337	3：1	3：7	1：9	1.8
355	3：1	1：1	1：9	1.8
437	4：1	3：7	1：9	1.8

续表

配比号	砂胶质量比	石灰与石膏胶结物质量比	水固质量比	视密度/(g/m³)
455	4∶1	1∶1	1∶9	1.8
455	4∶1	1∶1	1∶9	1.8
573	5∶1	7∶3	1∶9	1.8
673	6∶1	7∶3	1∶9	1.8
637	6∶1	3∶7	1∶9	1.8

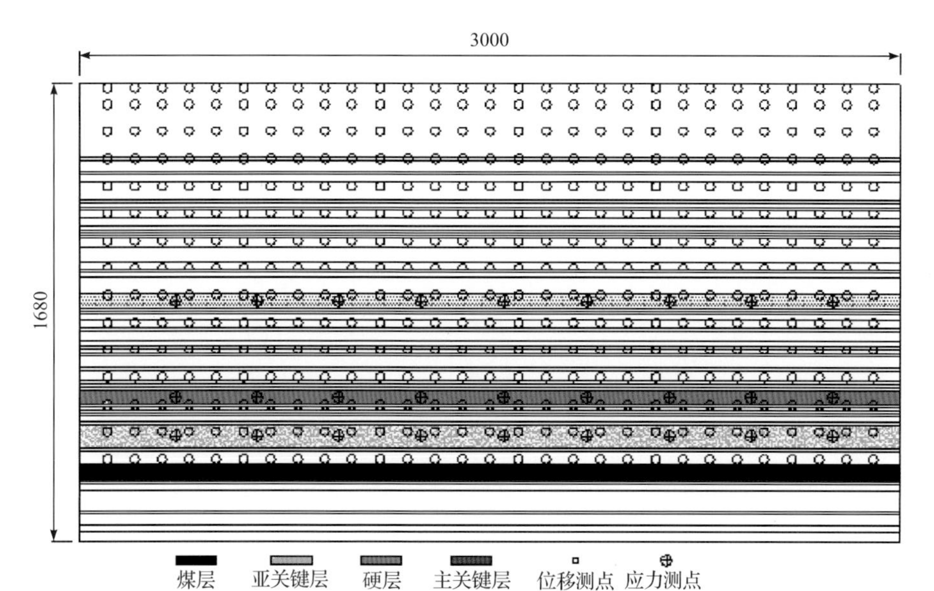

图 4.2　应力–位移测点布置图(单位：mm)

4.2 相似材料实验模型铺设

1) 实验系统

实验系统主要由三部分组成，包括模型实验台架、伺服加载控制系统与数据测量及采集分析系统。

2) 岩层位移观测系统

岩层位移观测系统使用西安交通大学研制的 XJTUDP 三维光学摄影测量系统，如图 4.3 所示。多幅拍摄标志点的交会示意图如图 4.4 所示。

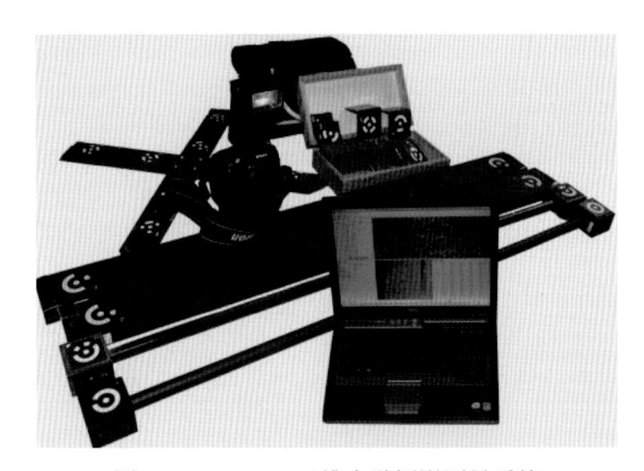

图 4.3　XJTUDP 三维光学摄影测量系统

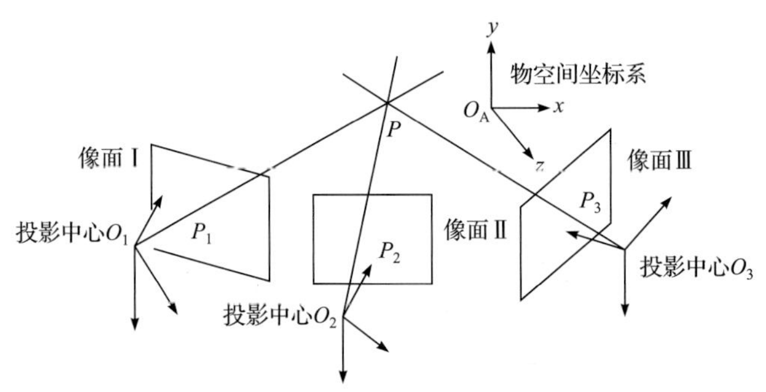

图 4.4　多幅拍摄标志点的交会示意图

3) 岩层应力监测系统

在开采过程中，将预先埋入模型中的 BW-5 型微型压力盒(图 4.5)的电信号数据通过引线连接 YJZ-32A 智能数字应变仪(图 4.6)采集，实时采集应力数据并进行处理与分析。

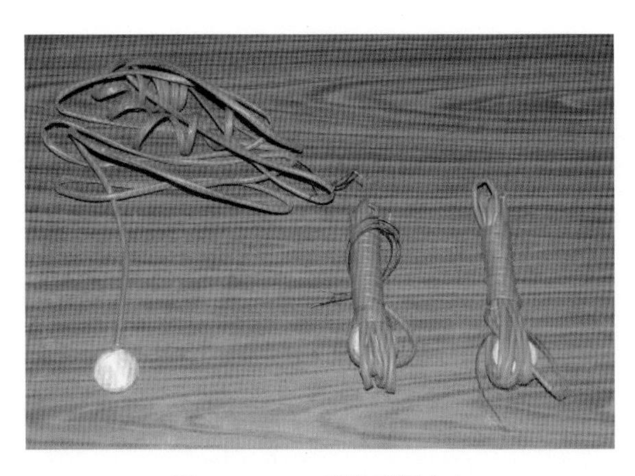

图 4.5　BW-5 型微型压力盒

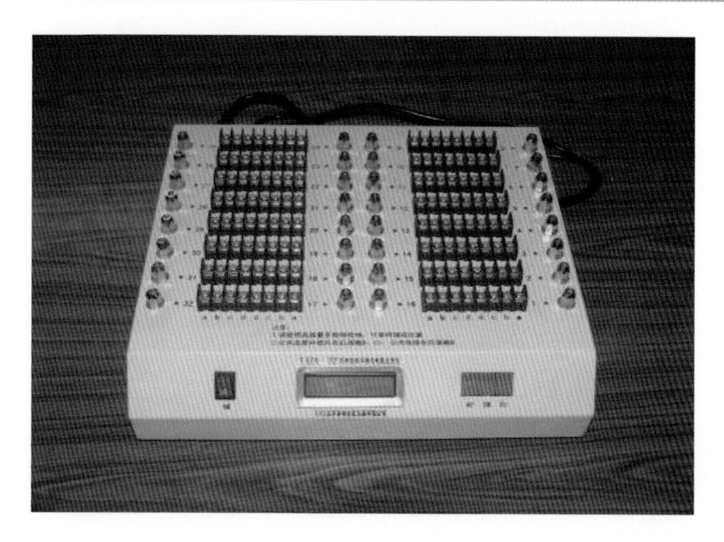

图 4.6　YJZ-32A 智能数字应变仪

4) 加载压力–位移监测系统

由 ZYDL-YS200 微机控制电液伺服岩体平面相似模拟实验系统配套的伺服加载控制系统来实现对超出模型范围的上覆岩层的加载，如图 4.7 所示。本设计的上覆岩层直达地表，所以不对模型加载。

图 4.7　ZYDL-YS200 微机控制电液伺服系统

5) 相似材料模型制作

本次相似模拟的模型选用捣固模型，即模型按 2cm 一层逐层装填、捣实、抹平。根据实际情况，在捣固模型时岩层和煤层的层理、节理结构由人工操作制作，同时在分界面上撒云母粉。堆砌完成的 12401 工作面相似材料模型如图 4.8 所示。

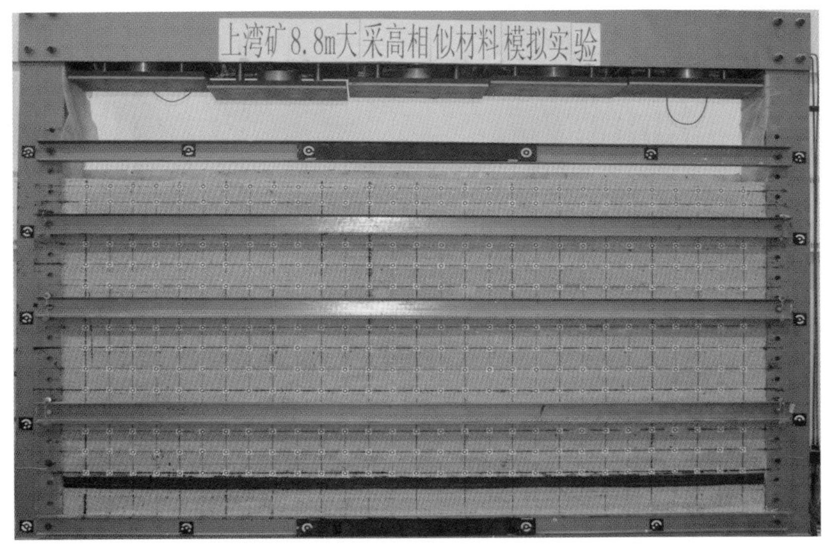

图 4.8　12401 工作面相似材料模型

4.3 相似材料模拟实验结果分析

1. 上湾煤矿 1^{-2} 煤层开采分析

考虑现场开采进度和实验的相似比，换算得出模型每次推进距离为 4.6cm，隔 1h 推进一次。本实验以 12401 工作面为模板进行设计，两侧留设 22.5m 的煤柱。从右侧开始开采，推进距离为 405m，如图 4.9 所示。

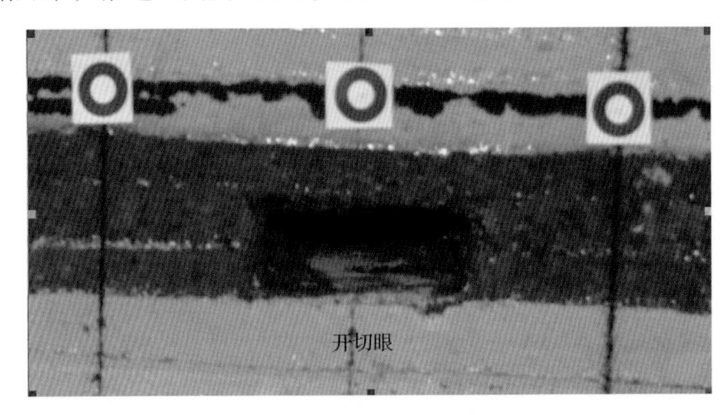

图 4.9　12401 工作面开切眼

随着煤层开采，顶板开始弯曲下沉直至破断垮落，出现初次来压、周期来压。

工作面推进至 54m 时，基本顶初次破断，煤壁发生剪切破坏，发生切顶冲击现象。基本顶下撞击底板导致岩石破断，但块度依然较大，如图 4.10 所示。上覆岩层产生裂隙和离层，如图 4.11 所示，此时垮落带高度达到 16.2m。

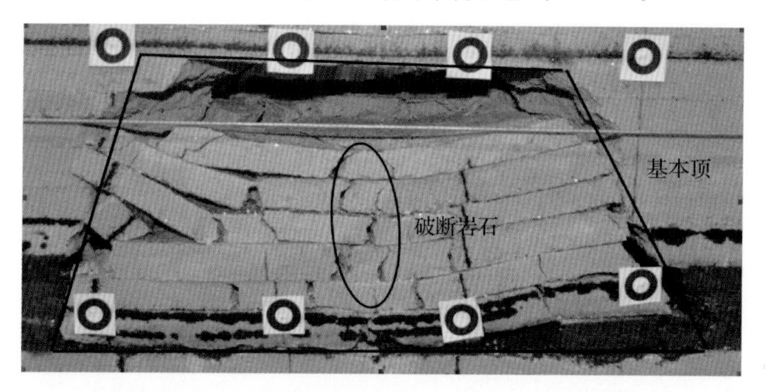

图 4.10　工作面推进至 54m 时基本顶初次来压

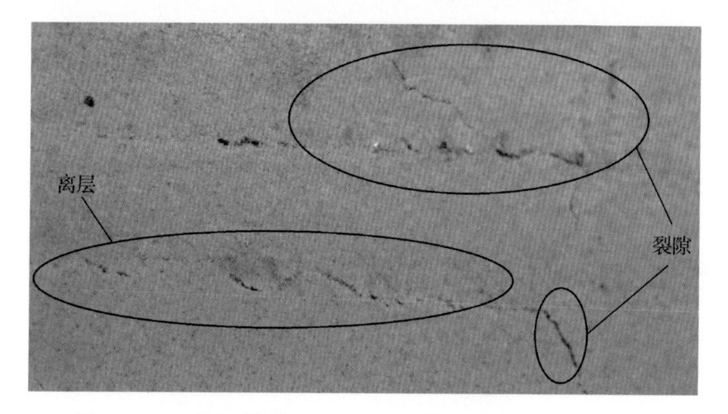

图 4.11　工作面推进至 54m 时上覆岩层产生离层与裂隙

当工作面推进至 79m 时，基本顶发生第一次周期来压，来压步距 25m。垮落带高度达到 19.1m，如图 4.12 所示。当工作面推进至 96m 时，基本顶发生第二次

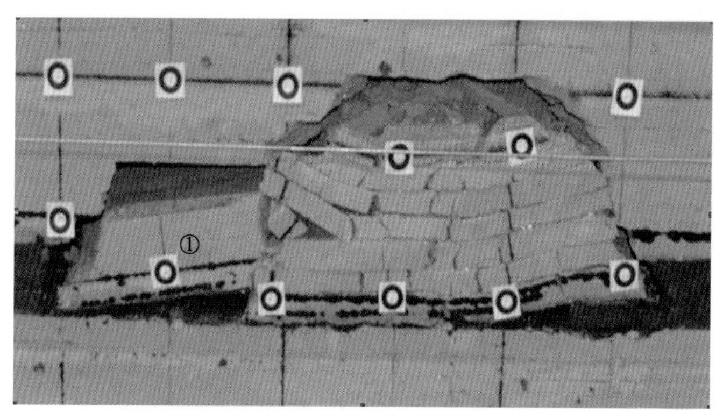

图 4.12　工作面推进至 79m 时基本顶第一次周期来压

周期来压，来压步距 17m。亚关键层与硬层间的岩层均开始弯曲下沉，直至与已垮落的岩层接触后达到稳定，但上方形成了较大的自由空间，如图 4.13 所示，此时垮落带高度达到 30m。图 4.13 中①、②等表示周期来压次序。

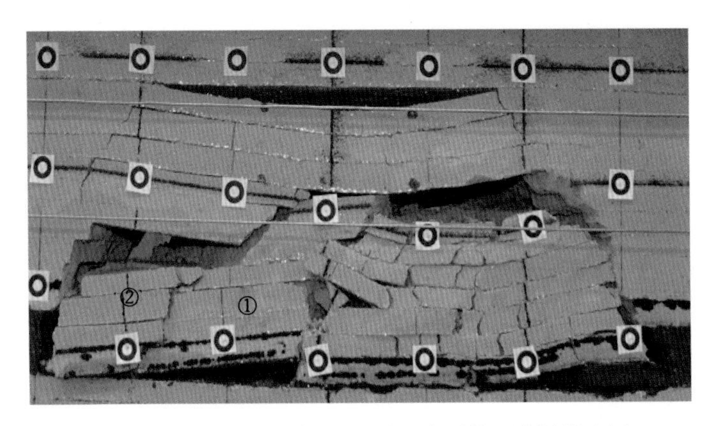

图 4.13　工作面推进至 96m 时基本顶第二次周期来压

工作面推进至 122m 时，基本顶发生第三次周期来压，来压步距为 26m。上部岩层开始弯曲下沉，弯曲岩体上方形成 5m 的自由高度。与第二次周期来压相比，此次垮落高度不变，但裂隙高度增加，如图 4.14 所示。

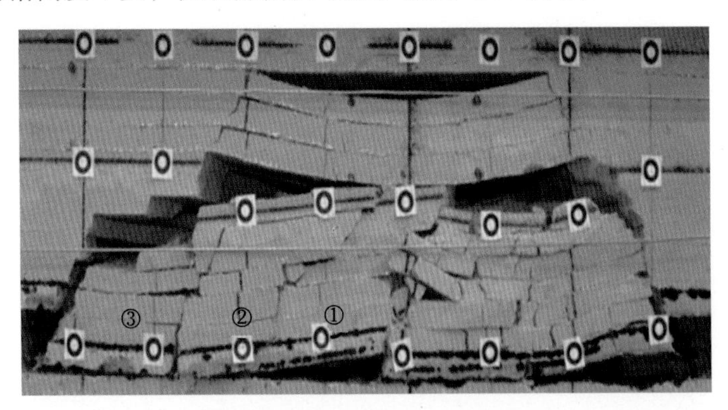

图 4.14　工作面推进至 122m 时基本顶第三次周期来压

工作面推进至 139m 时，基本顶发生第四次周期来压，来压步距为 17m，垮落带高度 60m，岩层垮落高度不再变化，如图 4.15 所示。

工作面推进至 185m 时，基本顶发生第六次来压，主关键层初次破断，断距为 79m。垮落前其下方最大自由空间高度达到 4.85m，如图 4.16 所示。同时，亚关键层也发生破断，断距为 21m，如图 4.17 所示。

工作面推进至 233m 时，基本顶发生第八次周期来压，来压步距为 24m。主关键层发生第一次周期破断，断距为 45m。上部岩层大范围下沉，下沉量达到 48m，

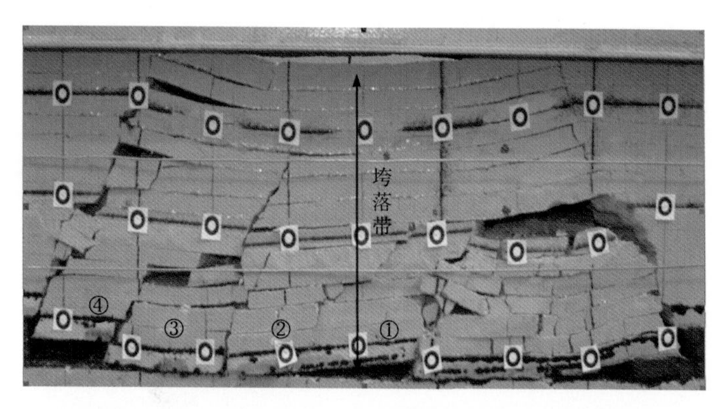

图 4.15　工作面推进至 139m 时基本顶第四次周期来压

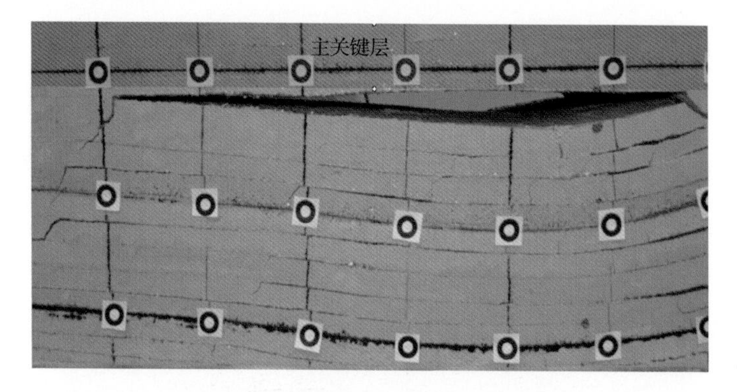

图 4.16　工作面主关键层初次破断前

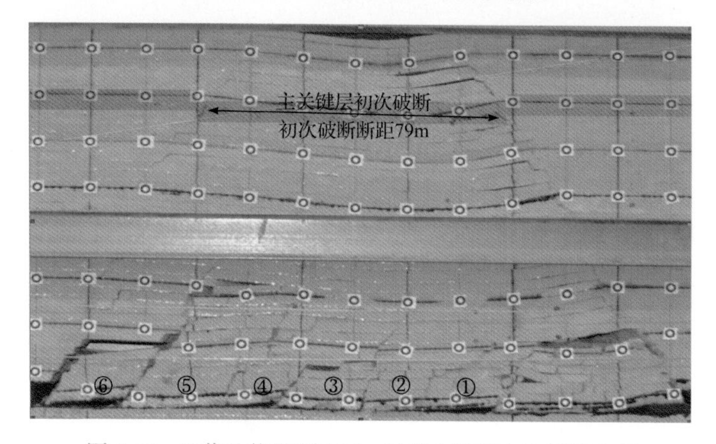

图 4.17　工作面推进至 185m 时基本顶第六次周期来压

同时亚关键层也发生破断，如图 4.18 所示。

工作面推进至 287m，基本顶发生第十次来压，来压步距为 24m。主关键层第二次周期破断，断距为 42m。纵向裂隙发育到地表，如图 4.19 所示。工作面推进至 321m 时，主关键层第三次周期破断，断距为 48m。

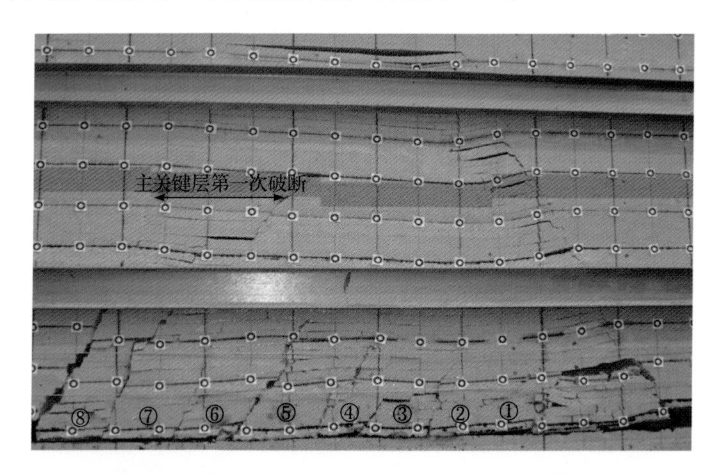

图 4.18　工作面推进至 233m 时基本顶第八次周期来压

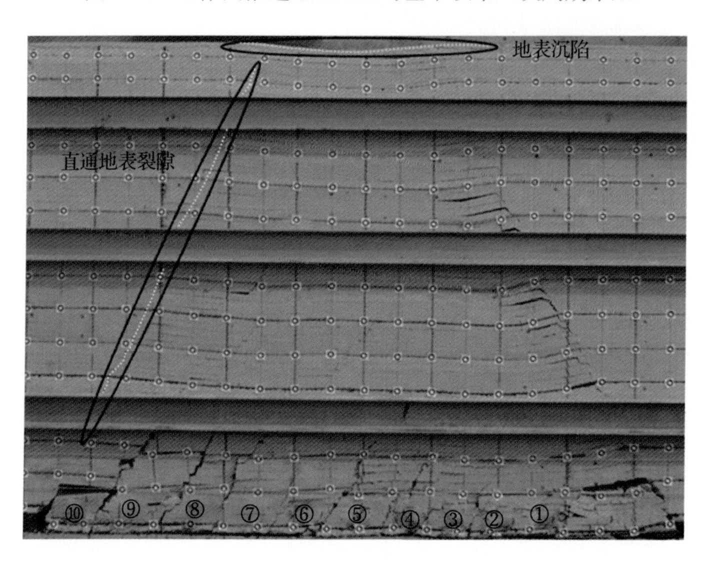

图 4.19　工作面推进至 287m 时基本顶第十次周期来压

工作面推进至 322m 时，基本顶发生第十二次来压，来压步距为 18m，地表第二次出现下沉。此时，下沉量为 141m，如图 4.20 所示，下沉量还在继续增大。

本模型工作面共推进至 405m，其中基本顶周期来压十六次，具体参数如表 4.3 所示。实验结果显示，基本顶的初次来压步距为 54m，周期来压步距为 13～30m，主关键层的初次破断，断距为 79m。充分采动后，停采线方向角为 61°，开切眼方向角为 65°，基本呈现对称分布，垮落形态近似为梯形，如图 4.21 所示。

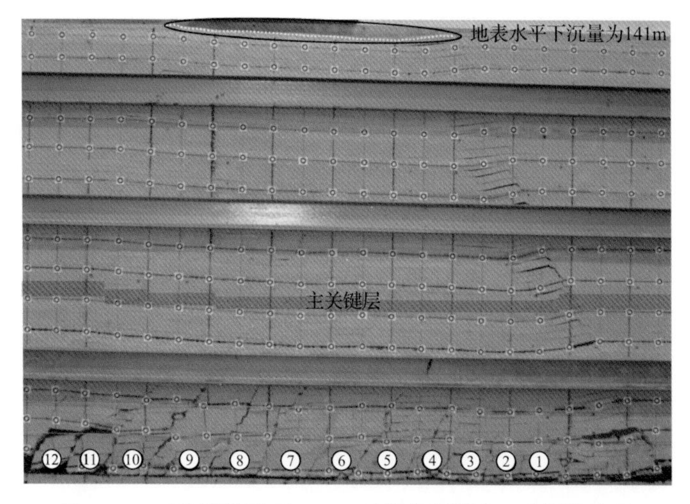

图 4.20　工作面推进至 322m 时基本顶第十二次周期来压

表 4.3　工作面周期来压参数统计

周期来压	来压步距/m	工作面推进距离/m	周期来压	来压步距/m	工作面推进距离/m
初次	54	54	第九次	30	263
第一次	25	79	第十次	24	287
第二次	17	96	第十一次	17	304
第三次	26	122	第十二次	18	322
第四次	17	139	第十三次	13	335
第五次	24	163	第十四次	21	356
第六次	22	185	第十五次	22	378
第七次	24	209	第十六次	27	405
第八次	24	233	平均周期来压	22	—

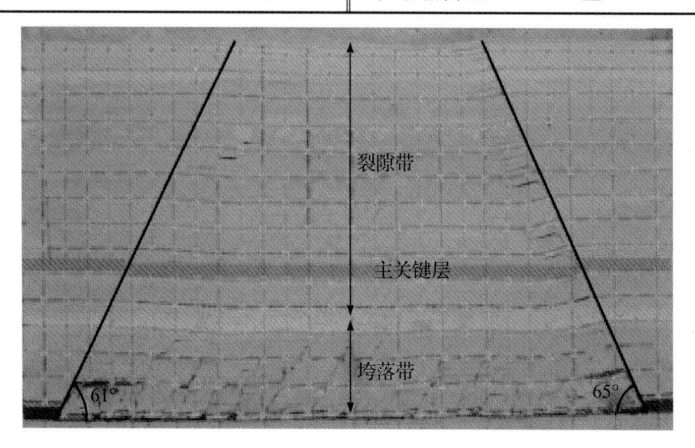

图 4.21　工作面推进至 405m 时基本顶第十六次周期来压

2. 覆岩位移监测分析

按照实验方案，位移监测点数据通过 XJTUDP 三维光学摄影测量系统软件生成位移云图，如图 4.22 所示。由位移云图能够直观看出各点的位移情况，箭头越长位移越大。

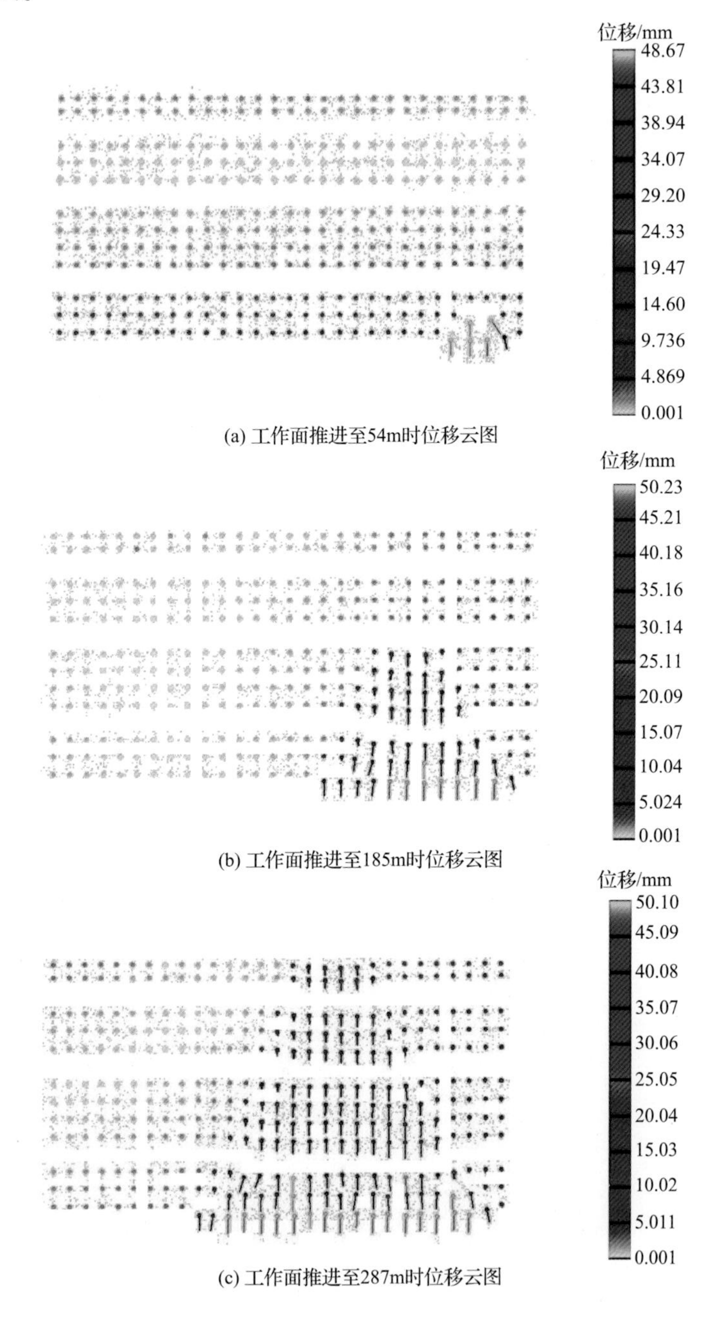

(a) 工作面推进至54m时位移云图

(b) 工作面推进至185m时位移云图

(c) 工作面推进至287m时位移云图

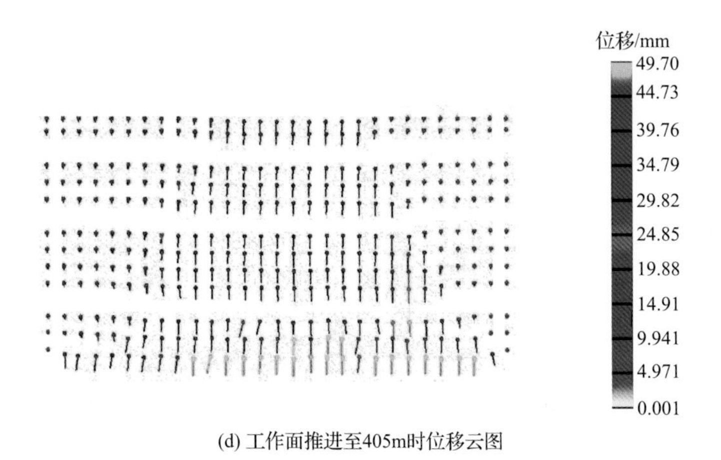

(d) 工作面推进至405m时位移云图

图 4.22　工作面上方岩层随工作面推进的位移云图

根据图 4.22(d)中各监测点的位移数据可以得到顶板的最大下沉量曲线，如图 4.23 所示。当工作面推进至 54m 时，靠近煤层处岩层最大下沉量为 7.3m；当工作面推进至 185m 时，靠近煤层处岩层最大下沉量为 7.5m；当工作面推进至 287m，地表第一次下沉，最大下沉量为 3.8m；当工作面推进至 405m，模拟开采完毕，模型趋于稳定，此时靠近煤层的岩层最大下沉量仍保持在 7.5m，地表最大下沉量为 3.8m。

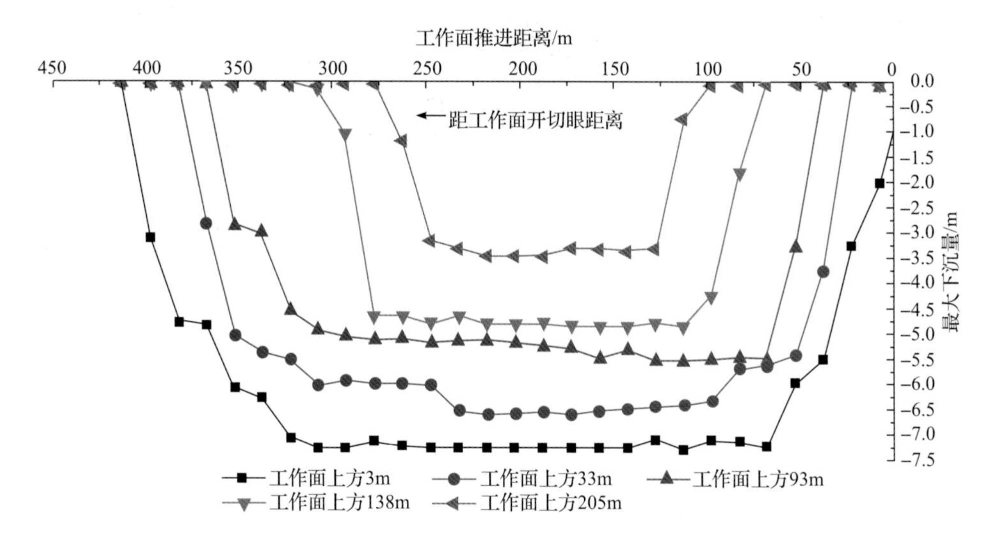

图 4.23　12401 工作面上方不同高度岩层最大下沉量曲线

4.4 数值模型建立和结果分析

4.4.1 数值模型建立

根据 12401 工作面顶底板条件建立数值模型，模拟工作面模型如图 4.24 所示。模型长宽分别为 800m、400m，模型高度根据基岩和上覆松散层厚度变化而发生变化，模拟工作面长度 300m，采高 8.8m。模拟过程中覆岩发生破断的单元体设置为空网格，模拟覆岩垮落过程，根据估计的覆岩碎胀系数对采空区进行充填，模拟覆岩运动引起的采空区应力恢复现象。模拟过程中煤岩采用莫尔–库仑本构模型，煤岩参数根据第 2 章实验获得的力学参数进行赋值。

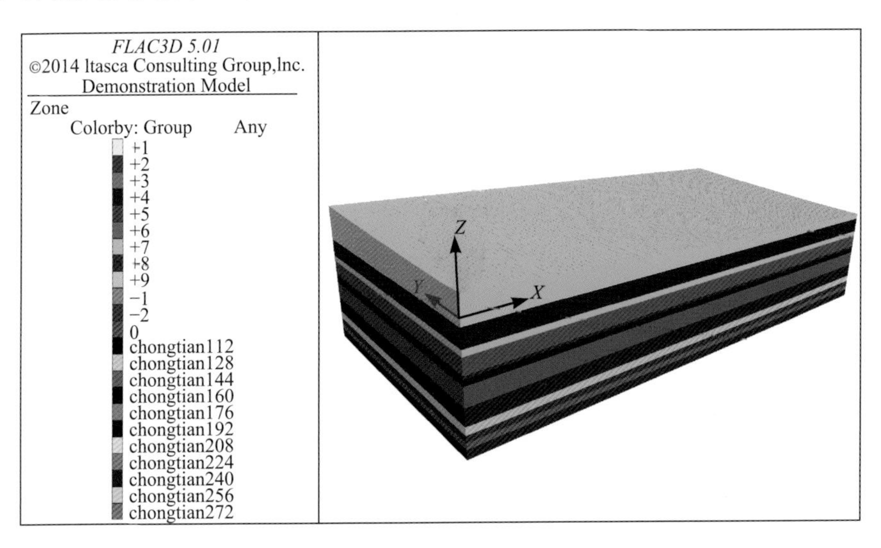

图 4.24　模拟工作面模型图

4.4.2 采动应力分布和演化特征

1. 主应力分布特征

由地质条件可知，研究区地表地势呈西高东低，故原岩最大主应力在煤层同样出现西高东低的分布规律。地层原岩最大主应力σ_1 沿着坐标轴 z 轴(垂直方向)分布，受煤层开挖影响，各岩层最大主应力大小及方向均会发生改变。工作面不同推进阶段最大主应力分布特征如图 4.25 所示。随着工作面推进，采空区前方、后方及两侧均呈现先增大后减小至原岩应力的经典规律，且远离工作面处最大主应力表现为西高东低，在东南角处达到最小值，与地表地势起伏规律相一致，即地表越高，深度越大，最大主应力越大。应力集中系数是指煤层开挖后某处应力大小与其未开挖状态下原岩应力大小的比值，应力集中现象是指地层某处应力集

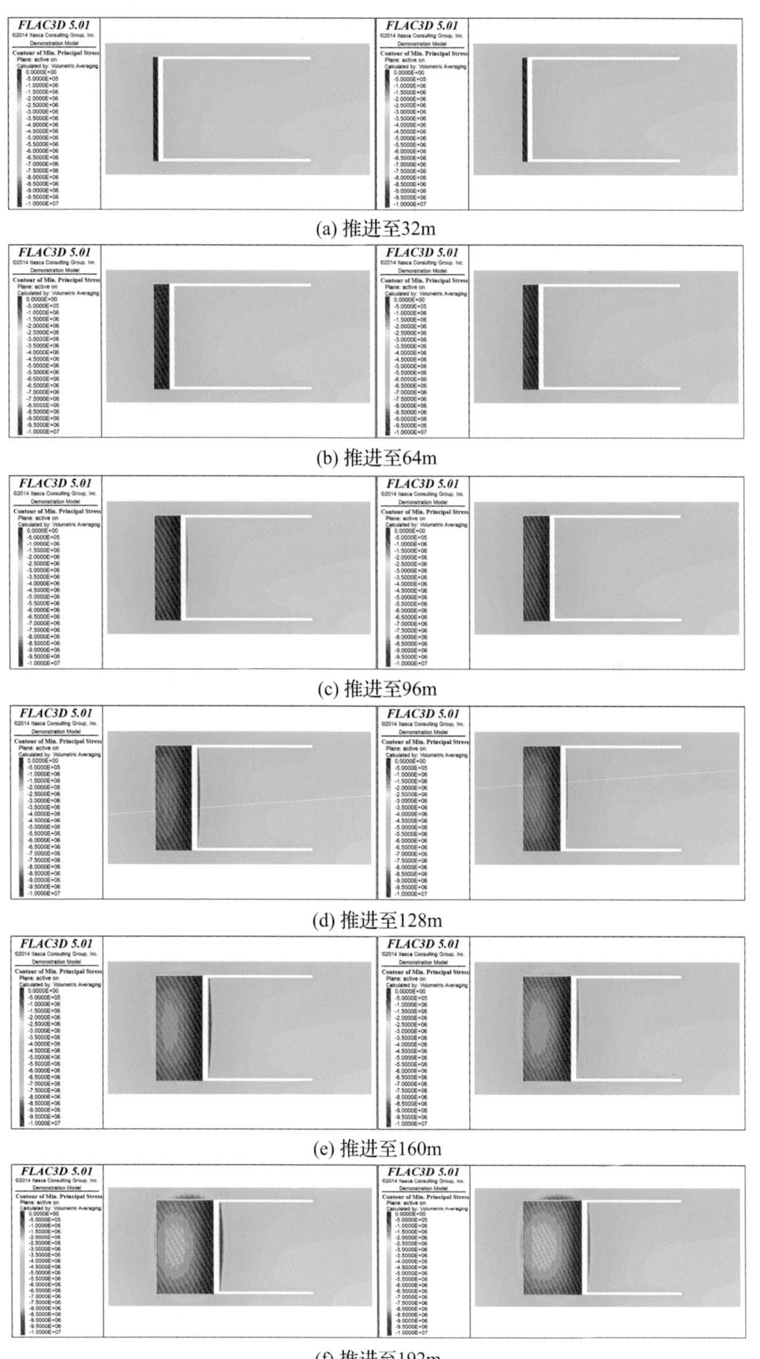

(a) 推进至32m

(b) 推进至64m

(c) 推进至96m

(d) 推进至128m

(e) 推进至160m

(f) 推进至192m

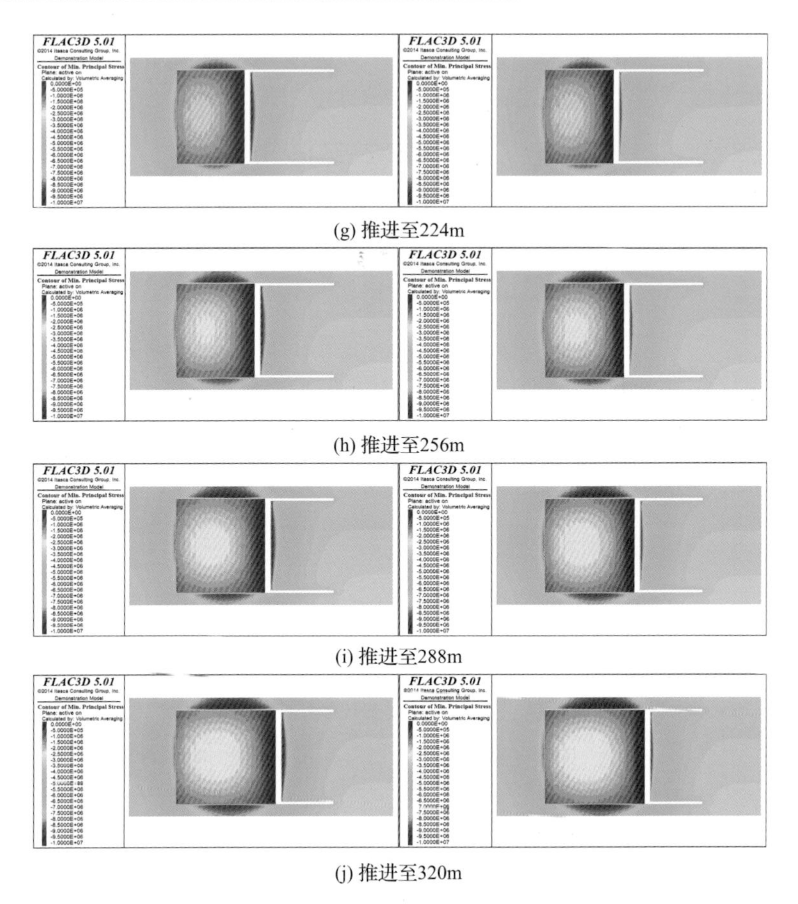

(g) 推进至224m

(h) 推进至256m

(i) 推进至288m

(j) 推进至320m

图 4.25　工作面不同推进阶段最大主应力分布特征

左图为来压前；右图为来压后

中系数与其他部分相比明显更大，通常主要出现在工作面煤壁前方，工作面中部及两端隅角应力集中程度较大。由图 4.25 可看出，随着工作面推进，工作面中部最大主应力集中程度要大于两端隅角，而上隅角应力集中程度又大于下隅角(上隅角地势高于下隅角，说明埋深越大，应力集中程度越大)。从整体看，工作面前方应力集中程度大于采空区后方应力集中程度，采空区上方应力集中程度大于采空区下方应力集中程度。

随着工作面推进，采空区会随着矸石及顶板下沉垮落等逐渐填充直至压实，采空区应力大小会逐渐恢复至原岩应力水平，且工作面推进距离越大，压实越充分，即应力恢复值越大。由图 4.25 可以看出，随着工作面推进，采空区应力恢复程度越来越明显，且恢复最大值首先发生在采空区接近后方的中部，即开切眼中部附近，然后随着工作面推进，其最大恢复值会逐渐向推进方向移动。这说明采空区虽然是逐段填充压实，但其整体会互相影响，最大值偏向采空区整体中心，工作面推进距离达到一定阶段后，采空区恢复程度接近于圆环叠加，由内向外辐射增加。通常在工作面推进过程中，采动影响范围一般取大于原岩应力的 5%处为界限，随着工作面推进，采动影响范围会逐渐增大。由图 4.25 可看出，随着工作面推进距离的增加，煤层最大主应力采动影响范围会逐渐增大，且工作面煤壁前方最为明显，采空区后方影响范围变化受推进度变化影响较小。当推进距离达到一定值后，采动影响范围会趋于稳定，不再增加。随着采空区顶板悬露宽度的增大，采空区顶板尤其是基本顶会发生周期性(周期来压)破断。基本顶破断必然伴随着能量释放，导致煤层应力集中程度降低、采空区应力恢复程度增大、采动影响范围变小。

由模型可知原岩最小主应力σ_3沿着 x 轴分布，受地表地形西高东低起伏特征的影响，模型原岩最小主应力呈现出西部大、东部小的特点。对煤体进行开挖后，工作面前方煤体附近的最小主应力大小、应力集中值必然会发生变化，工作面后方采空区部分由于基本顶垮落充填采空区，最小主应力重新恢复，但远小于原值。随着工作面不断推进，煤壁上方以及采空区周围出现应力集中现象，当基本顶发生破断后煤壁上方的应力集中现象减弱，应力集中值与影响范围均减小，采空区周围应力集中现象变化较小。针对以上现象，对该模型在不同推进距离条件下来压前后的最小主应力分布特征进行分析。工作面不同推进阶段最小主应力分布特征如图 4.26 所示。

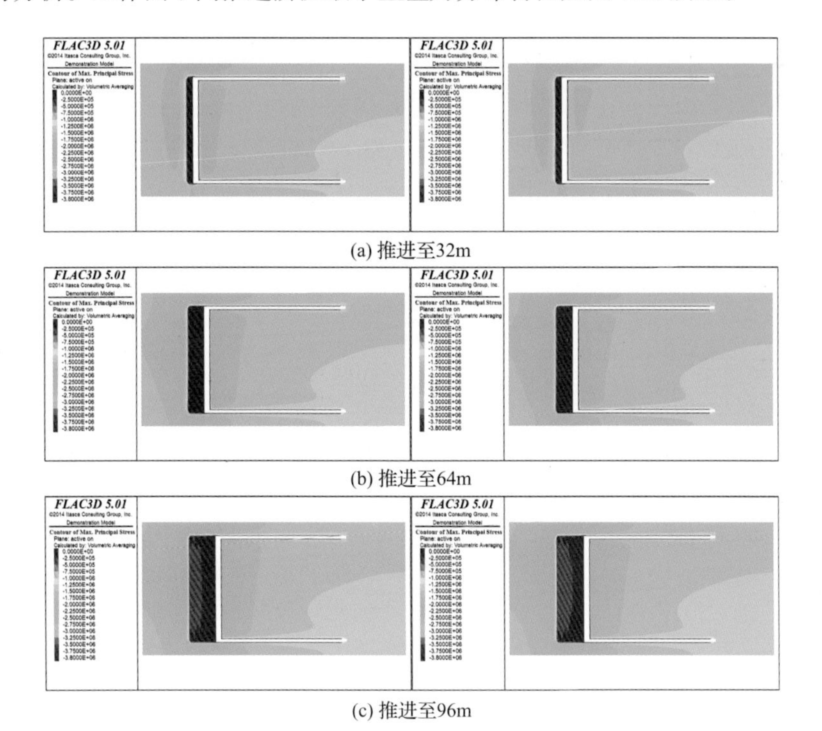

(a) 推进至32m

(b) 推进至64m

(c) 推进至96m

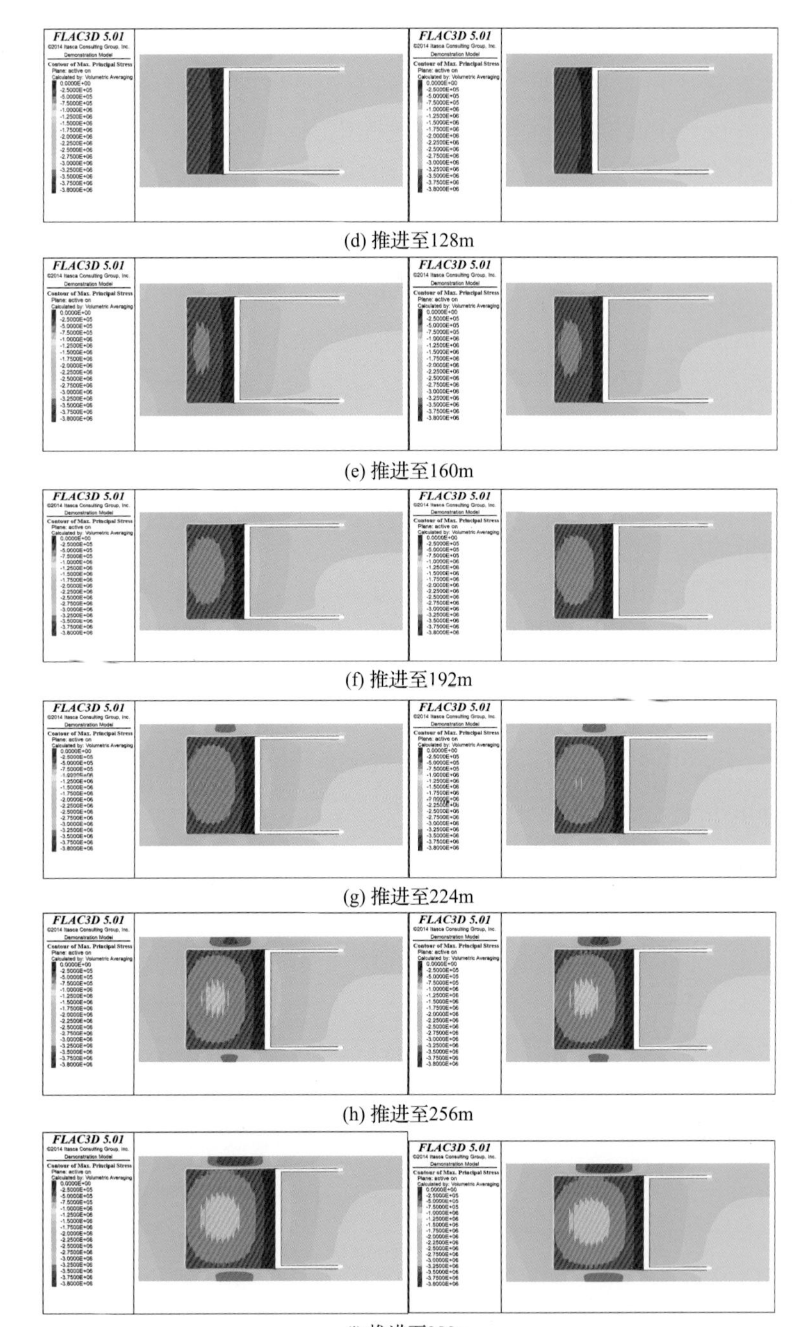

(d) 推进至128m

(e) 推进至160m

(f) 推进至192m

(g) 推进至224m

(h) 推进至256m

(i) 推进至288m

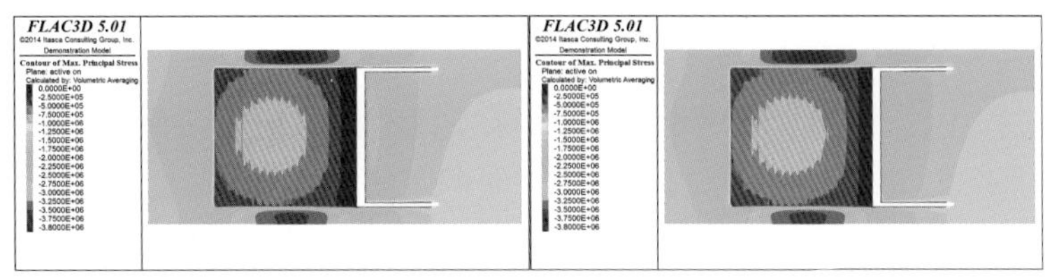

(j) 推进至320m

图 4.26　工作面不同推进阶段最小主应力分布特征

左图为来压前；右图为来压后

(1) 煤层开采初期最小主应力较小，相比初始原岩应力增加了约 16.67%，推进至 32m 时，应力集中影响范围约为超前煤壁 75m。随着工作面推进，影响范围逐渐增大，但增大速度减缓，后期影响范围稳定在煤壁前方 100m 左右。越靠近煤壁处应力集中现象越明显，当工作面推进至 96m 时，最小主应力达到 2.75MPa，是初始原岩应力的 2.2 倍。当工作面推进至 224m 时，最小主应力为 3.25MPa，是初始原岩应力的 2.6 倍。当工作面推进至 320m 时，最小主应力降回到 2.75MPa。采空区两侧应力集中范围不断增加，当工作面推进至 192m 时，最小主应力明显增大近一倍，采空区北侧最小主应力高于南侧，约高出 0.05MPa，应力集中现象由采空区中部向前后两个方向对称分布，其分布区域特征可看出受地表地形影响较弱。

(2) 煤层被采出后，形成采空区，迅速卸压，应力消除。随着直接顶垮落，基本顶弯曲下沉，采空区会再次充填，垮落的直接顶充满采空区与基本顶相接，此时应力再次出现，随着工作面的推进，由采空区后方向至工作面方向，应力逐渐恢复。当工作面推进至 96m 时，采空区后方 40m 范围应力逐渐开始恢复，此时最小主应力约为 0.25MPa，为初始原岩应力的 20%左右。应力恢复值在采空区充实区域中部呈椭圆形向四周辐射降低，倾斜方向为椭圆长轴，走向方向为椭圆短轴。工作面推进至 256m 时，采空区应力恢复值达到 0.75MPa，恢复至初始值的 60%左右。随着工作面推进至 320m，应力恢复区域增大，但其恢复值大小未发生变化。

(3) 对比不同推进距离基本顶破断前后应力分布情况可以看出，基本顶发生破断后，煤壁附近最小主应力明显降低，应力集中影响范围缩小，尤其在工作面推进至 160m 以后，基本顶破断对煤壁上方应力集中现象的削弱作用尤为突出。在工作面推进至 256m 时，基本顶发生破断后，煤壁前方最小主应力由 3.25MPa 减弱至 2.50MPa，下降了近四分之一。基本顶破断对采空区两侧应力集中现象影响较弱，对采空区中后部的压实有促进作用。

综上所述，随着工作面不断推进，煤壁前方将出现明显的应力集中现象，但在煤壁处的应力集中程度减弱，基本顶破断对煤壁前方应力集中现象有缓解作用。因此，加强顶板管理，及时放顶卸压对工作面安全有着重要的作用。

2. 采动应力演化特征

采动过程中，煤壁前方实体煤和后方采空区中的主应力演化特征如图 4.27 所示。煤层开采后，采空区上方的覆岩重力向四周实体煤转移，造成实体煤中的最大主应力和最小主应力均呈现出升高的现象。初始开采阶段，最大主应力和最小主应力集中程度较低，随着工作面推进范围的增加，最大主应力和最小主应力集中程度逐渐升高，工作面推进至约 200m 处，最大主应力和最小主应力集中程度基本稳定。随着工作面推进范围的增大，工作面后方采空区中最大主应力和最小主应力呈现出逐渐恢复的现象。采动范围越大，上覆岩层运动越充分，采空区中的最大主应力和最小主应力恢复程度越高。工作面推进至 300m 时，最大主应力恢复至 2.80MPa，约为原岩应力的 66%，最小主应力恢复至 0.80MPa，约为原岩应力的 50%。

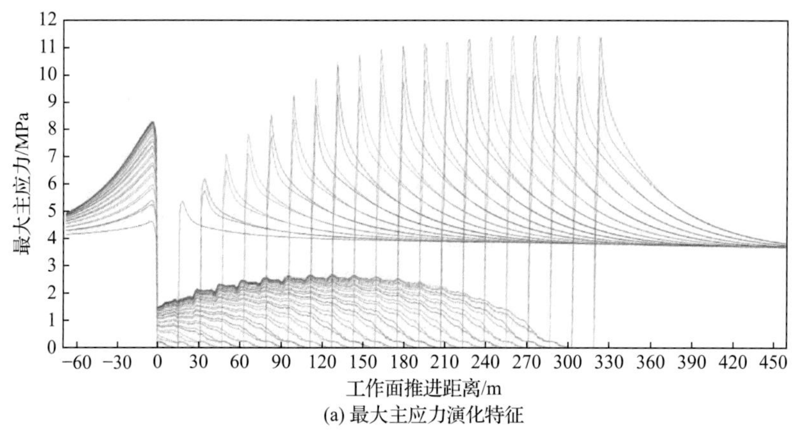

(a) 最大主应力演化特征

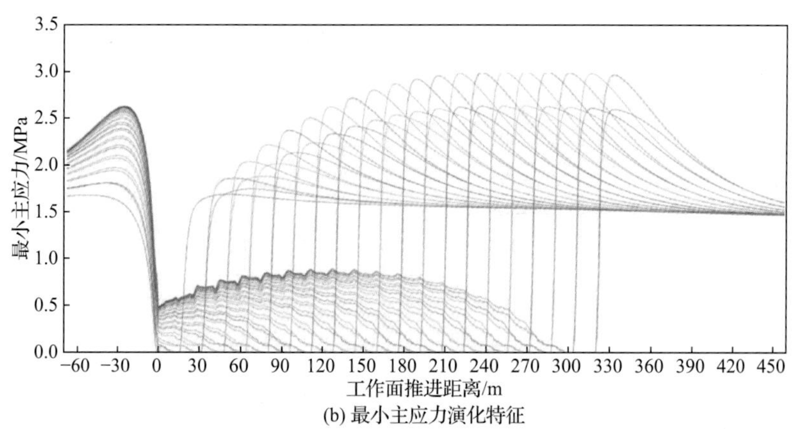

(b) 最小主应力演化特征

图 4.27　采动过程中主应力演化特征

对比最大主应力和最小主应力演化特征可以看出，工作面前方实体煤中，最大主应力集中程度和变化梯度均明显大于最小主应力，同时，工作面后方采空区中的最大主应力恢复程度同样大于最小主应力。最大主应力峰值超前煤壁的距离则明显小于最小主应力峰值超前煤壁的距离，说明采动引起的最小主应力重新分布范围更大。此外，基本顶破断对采动应力集中程度造成明显影响，基本顶破断后，最大主应力和最小主应力峰值均出现骤然降低的现象，该现象表明覆岩的剧烈运动会引起工作面前方采动应力的突然释放。

4.4.3 覆岩移动特征

工作面不同推进阶段覆岩移动特征如图 4.28 所示，该图列出了工作面从开切眼到推进 320m 各阶段覆岩竖向位移云图。随着煤层的开采，当工作面推进至 32m 时(图 4.28(a))，开切眼处顶板出现明显竖向位移，顶板下沉量达到 2.10m；当工作面推进至 64m 时(图 4.28(b))，顶板下沉量达到 4.00m，此时工作面基本顶已经发生破断，顶板竖向位移增加速率较大。当工作面推进至 96m 时(图 4.28(c))，顶板下沉量达到 4.50m，顶板下沉趋势逐渐趋于稳定，且顶板下沉量逐渐发展到地表。随着工作面推进至 128m 时(图 4.28(d))，在基本顶发生第二次周期来压以后，顶板

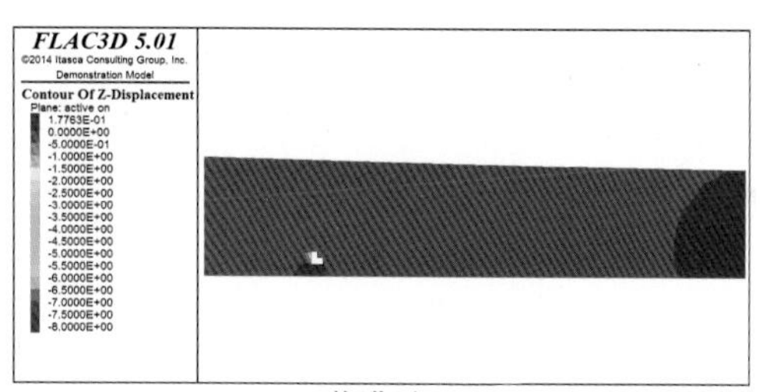

(a) 推进至32m

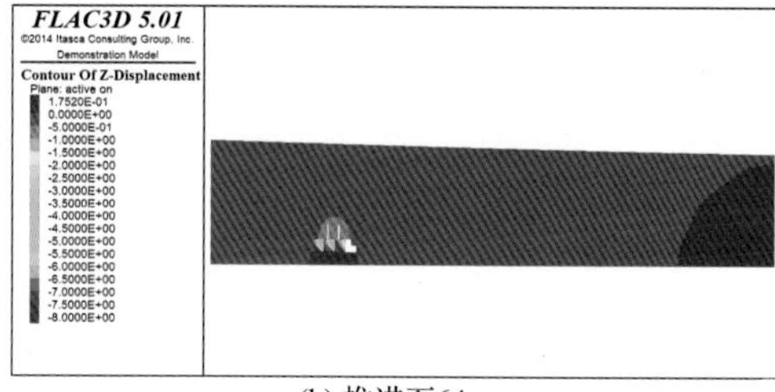

(b) 推进至64m

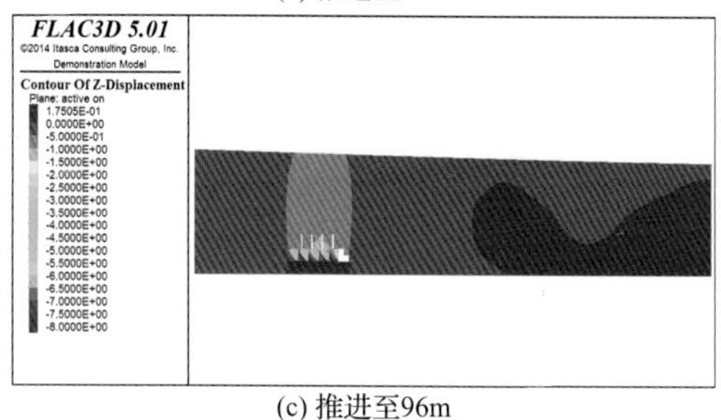

(c) 推进至96m

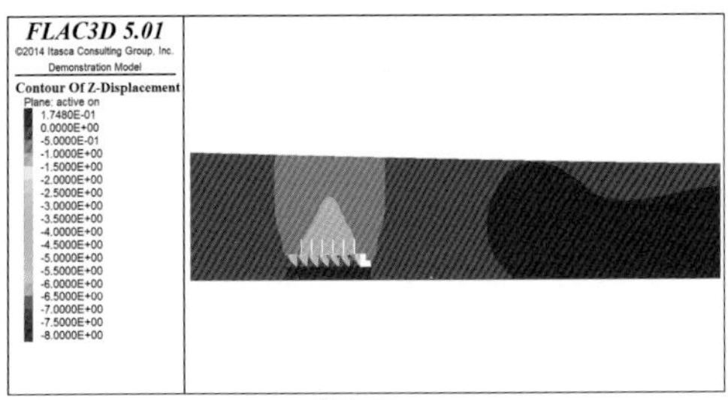

(d) 推进至128m

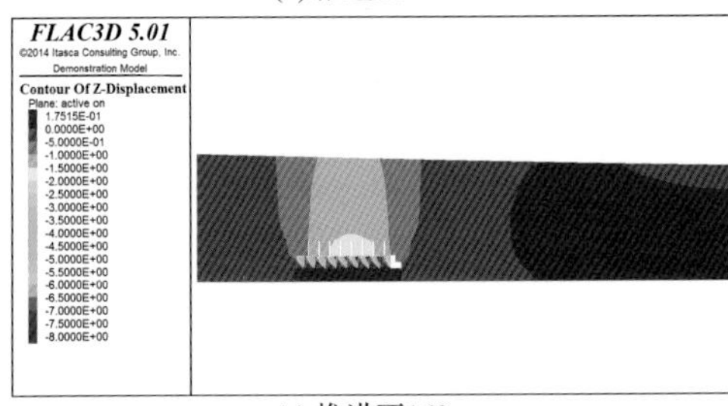

(e) 推进至160m

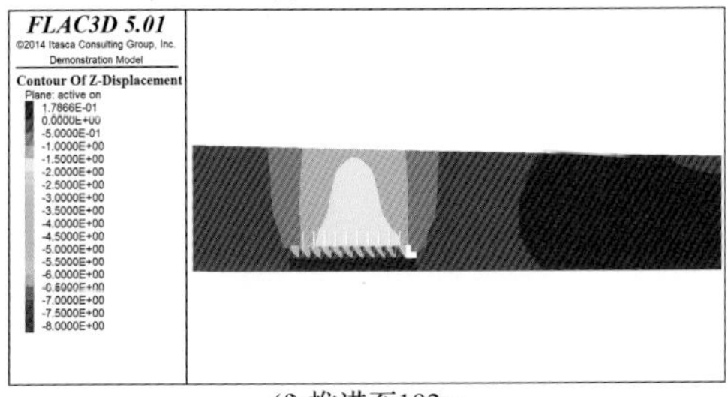

(f) 推进至192m

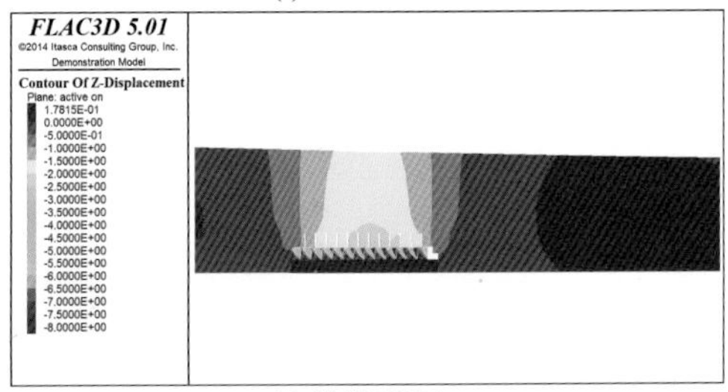

(g) 推进至224m

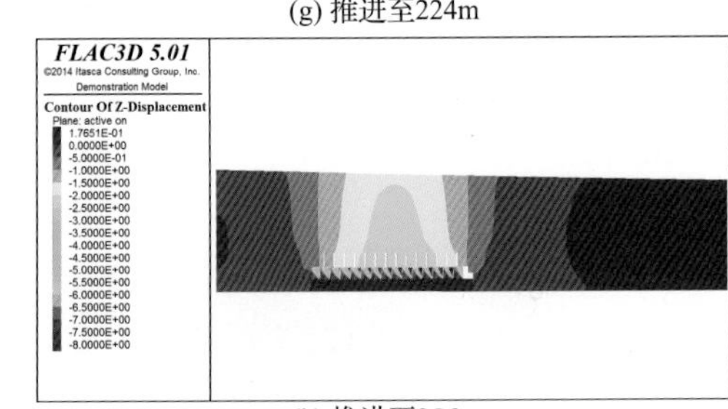

(h) 推进至256m

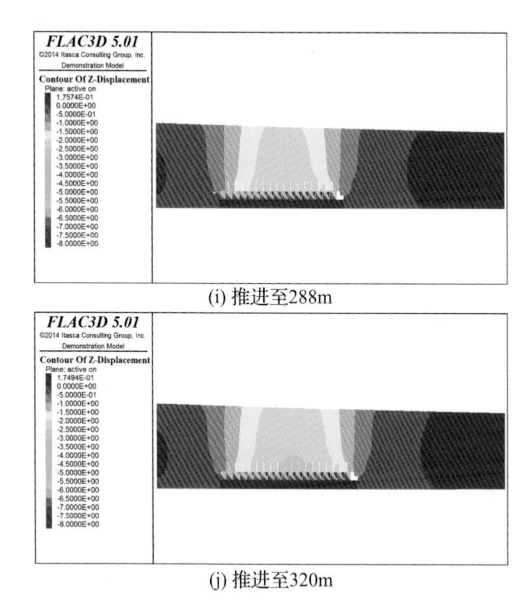

(i) 推进至288m

(j) 推进至320m

图 4.28　工作面不同推进阶段覆岩移动特征

垮落带高度明显增加，地表下沉区域明显增加，顶板下沉量趋于稳定，达到 5.50m。工作面推进至 192m 时(图 4.28(f))，顶板最大下沉量逐渐扩展到地表，地表下沉区域明显增加，顶板下沉量仍稳定在 5.50m。随着工作面推进至 320m 时(图 4.28(j))，地表出现下沉盆地，地表下沉量达到 4.40m，工作面顶板下沉量达到 6.00m。

4.4.4　覆岩垮落特征

FLAC 3D 数值计算软件无法真实模拟覆岩垮落过程，但是该现象可采用覆岩中进入塑性破坏区的范围近似表征。工作面不同推进阶段，覆岩垮落特征如图 4.29 所示。工作面推进至 32m 时，基本顶初次来压，由于开采范围小，覆岩受扰动程度低，覆岩垮落范围小，仅包括直接顶、基本顶及其之上的少量随动岩层，垮落高度约为 15m。工作面推进至 64m 时，由于采动范围增加，垮落顶板在纵向和横向上同时增大，垮落高度增加至 35m。工作面推进范围介于 64～96m 时，顶板垮落范围在纵向上基本保持不变，仅在工作面推进方向上横向扩展。这是因为基本顶为第 1 层关键层，该阶段基本顶之上的第 2 层亚关键层仍然没有发生破坏，第 2 层亚关键层对其之上的岩层具有控制作用，保证其上位岩层不发生垮落。因此，该阶段垮落范围在纵向没有发生变换，垮落的覆岩仅为基本顶与第 2 层亚关键层之间的随动岩层。工作面推进至 128m 时，覆岩中的第 2 层亚关键层发生破断，覆岩垮落范围在纵向上呈现增加的趋势，垮落高度增加至 43m。此后，垮落的覆岩由于碎胀现象，将采空区充填完整，对其上位的岩层产生支撑作用，覆岩垮落范围不再发生变化，随着其上位岩层的运动，已垮落矸石逐渐压实，造成采空区的应力恢复现象。

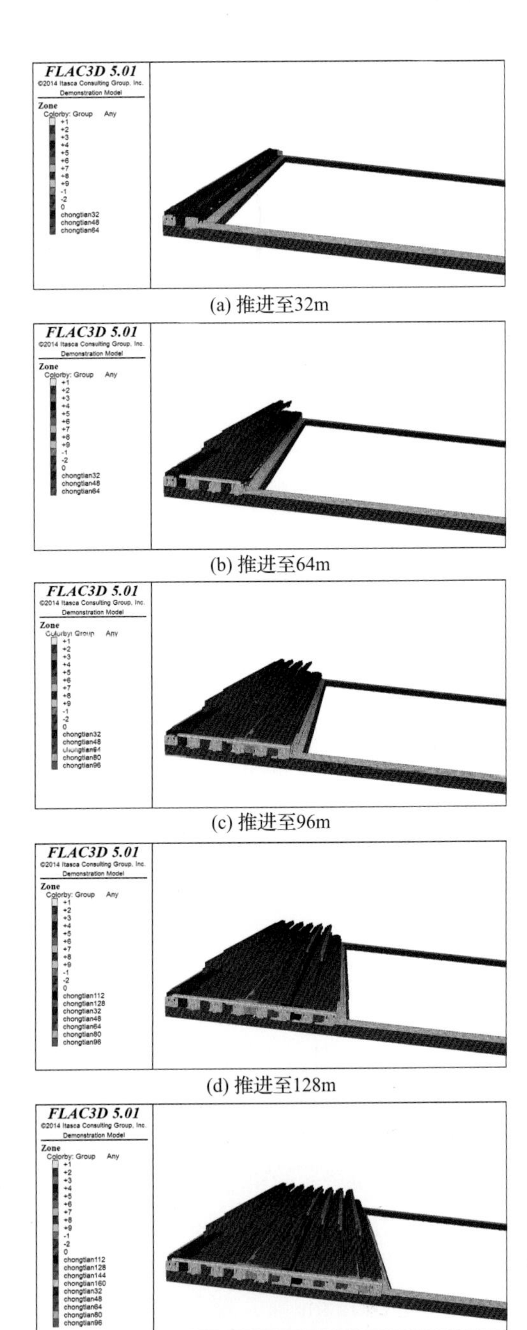

(a) 推进至32m

(b) 推进至64m

(c) 推进至96m

(d) 推进至128m

(e) 推进至160m

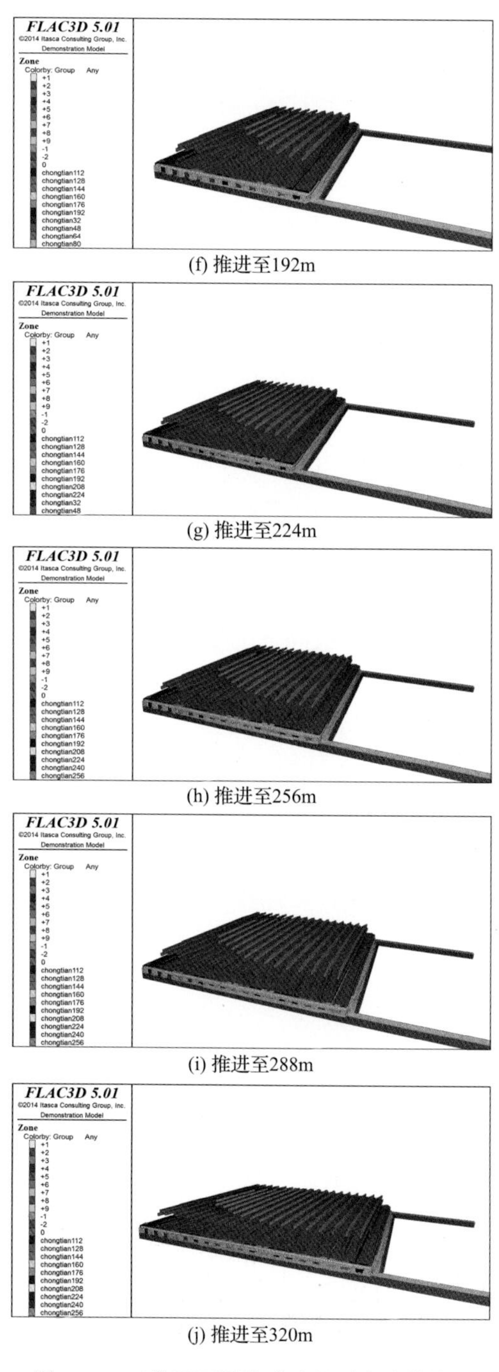

(f) 推进至192m

(g) 推进至224m

(h) 推进至256m

(i) 推进至288m

(j) 推进至320m

图 4.29 工作面不同推进阶段覆岩垮落特征

4.4.5　地表下沉特征

工作面的开采导致上覆岩层逐渐垮落，引起地表下沉。图4.30为工作面不同推进阶段地表下沉特征。由图4.30可以看出，随着工作面的推进，地表的影响范围也逐渐扩大，下沉量不断增加，下沉盆地也逐渐扩大。当工作面推进至32m时，此时回采工作面上覆地表竖直方向最大变形为0.137m，地表下沉最大处在工作面正上方，地表下沉等值线呈椭圆形分布，椭圆中心下沉量最大，椭圆长轴为133m，短轴为34m。工作面的开采对地表的影响主要体现在沿工作面倾向方向的扩展，在沿倾向方向上，回采工作面正上方地表竖直方向位移较大，而对工作面前方地表的影响较小。工作面前方地表呈现出中部变形小，两边变形大的特点。当工作面推进至64m时，此时回采工作面上覆地表竖直方向最大变形为0.360m，最大下沉量范围变大，地表下沉量等值线依旧呈椭圆形分布，但此时椭圆长轴较推进至32m时变短，而短轴却逐渐增大。因回采工作面的开采对地表下沉的影响而产生的动态移动盆地逐渐向工作面前方移动，工作面前方地表下沉依旧呈现出中部下沉量大、两边变形大的特点。当工作面推进至192m时，最大下沉量等值线椭圆长轴为85m，短轴为51.8m，此时最大下沉量为1.57m。工作面前方地表下沉最远影响范围为207m。此时，工作面前方上部、中部、下部的地表下沉量大致相同。随着回采工作面的继续推进，地表下沉盆地也随之向前移动。地表下沉量等值线也逐渐由椭圆形转变为圆形。当工作面推进至320m时，地表下沉量等值线已经呈现近似圆形分布。此时，最大下沉量为2.38m，已经达到了该地质采矿条件下最大下沉量，下沉量2m以上的圆形等值线直径达到143m。

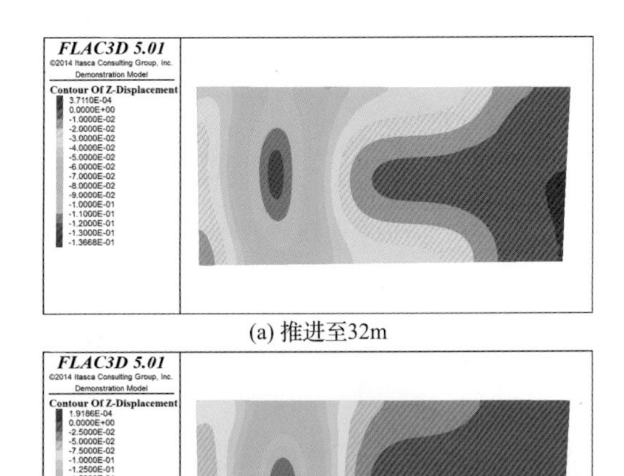

(a) 推进至32m

(b) 推进至64m

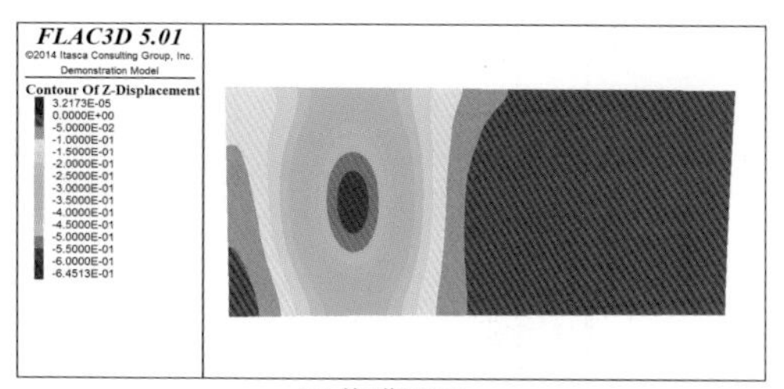

(c) 推进至96m

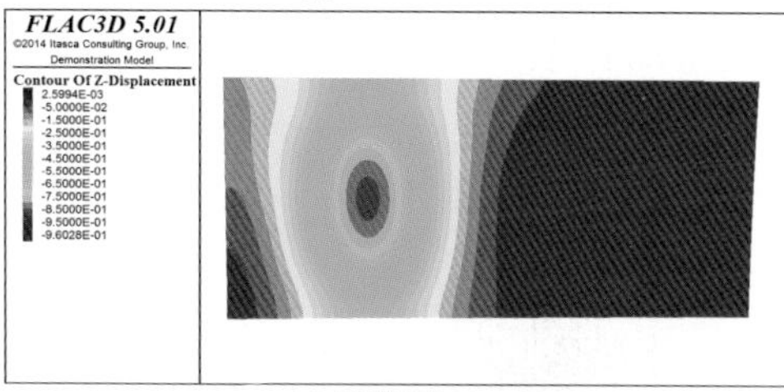

(d) 推进至128m

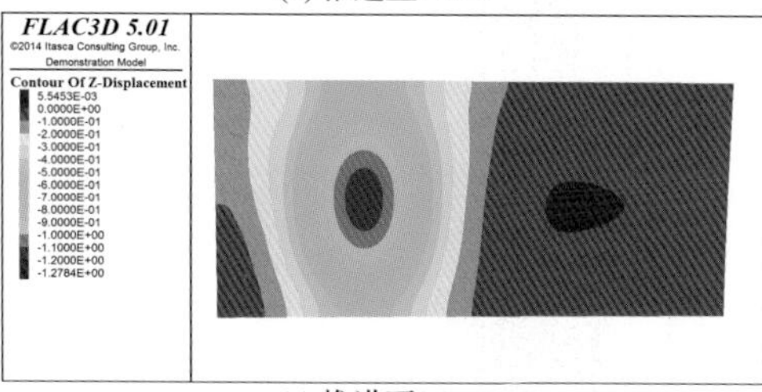

(e) 推进至160m

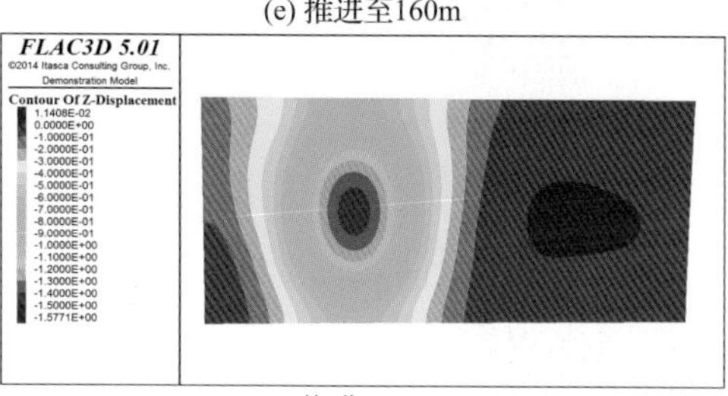

(f) 推进至192m

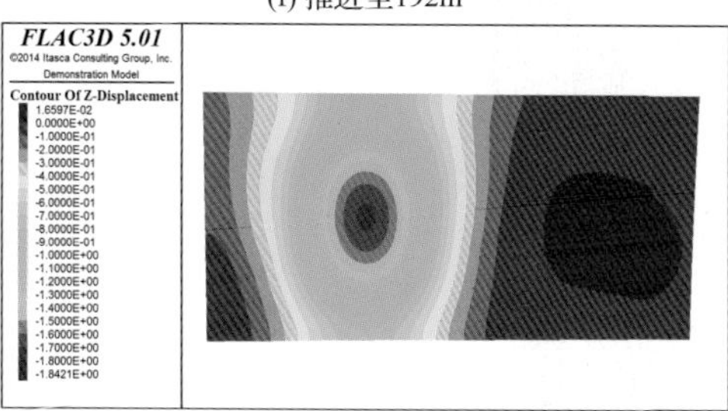

(g) 推进至224m

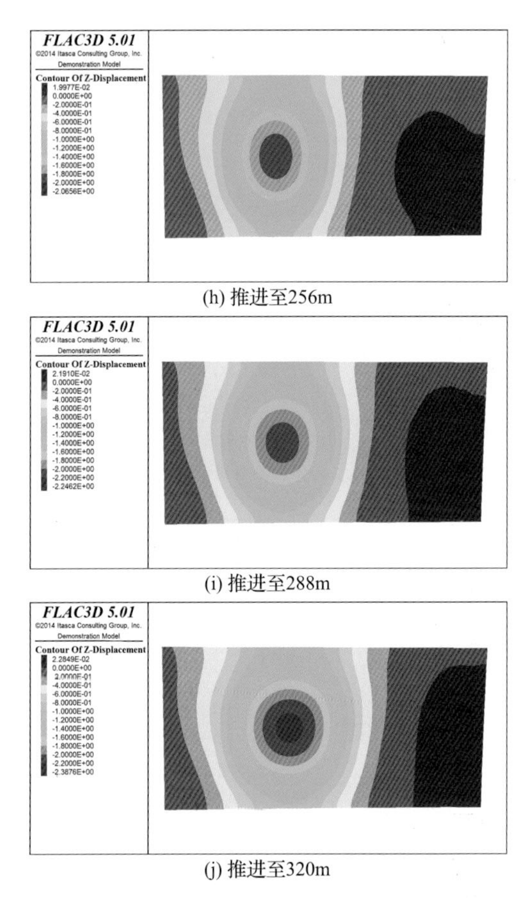

(h) 推进至256m

(i) 推进至288m

(j) 推进至320m

图 4.30　工作面不同推进阶段地表下沉特征

不同推进距离下地表最大下沉量曲线如图 4.31 所示。由图 4.31 可知，随着回

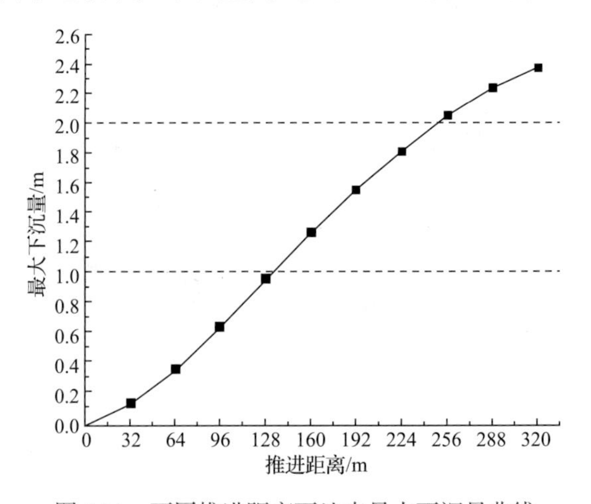

图 4.31　不同推进距离下地表最大下沉量曲线

采工作面的继续向前推进，最大下沉量呈现逐渐增大的趋势，且增长速率呈现出先快后慢的趋势。当工作面推进至32m时，最大下沉量0.14m；当工作面推进至64m时，地表最大下沉量为0.36m，此后最大下沉量随着工作面的推进逐渐加快；当工作面推进至128m时，地表最大下沉量达到了1.00m以上；当工作面推进至256m时，地表最大下沉量达到了2.00m以上，此后地表下沉速度逐渐减缓；当工作面推进至320m时，达到了地表最大下沉量为2.38m。之后，地表最大下沉量不再增大，达到了充分采动状态。

4.5 本章小结

本章通过相似材料模拟实验和数值计算，揭示了8.8m大采高综采工作面推进过程中顶板破断规律、岩层移动特征和地表下沉特征，得出主要结论如下：

(1) 对12401工作面推进过程中覆岩移动特征进行了室内相似材料模拟实验，得到覆岩垮落形态，垮落范围随工作面推进的演化过程，在模拟工作面的回采过程中，基本顶的初次来压步距为54m，周期来压步距为13～30m，主关键层的初次破断距79m。同时，给出了12401工作面推进过程中覆岩垮落带、裂隙带和弯曲下沉带的高度，以及覆岩位移场的分布特征。

(2) 对12401工作面推进过程中覆岩移动特征进行了数值模拟，发现随着工作面推进，工作面前方煤层中的最大主应力和最小主应力均发生应力集中现象，应力集中程度随着工作面推进范围的增加而增大。工作面推进至200m时，应力集中程度呈现稳定特征；最大主应力集中程度和变化梯度大于最小主应力，但峰值超前煤壁范围小于最小主应力峰值超前煤壁范围。

(3) 随着工作面推进范围的扩大，应力恢复程度逐渐升高，最大主应力恢复程度高于最小主应力。工作面推进至300m时，最大主应力恢复至初始值的66%，最小主应力则仅恢复至约50%。

(4) 给出了覆岩移动和地表下沉随工作面推进的演化特征，工作面推进至320m时，地表最大下沉量达到近2.50m，与实测结果相一致，验证了数值计算结果的准确性。

第 5 章

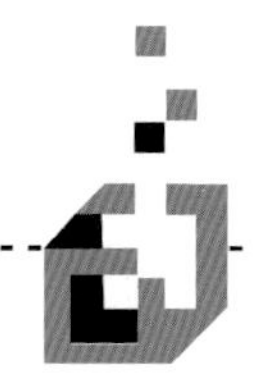

浅埋 8.8m 大采高采场围岩控制方法

本章根据 12401 工作面开采实际，结合第 2 章研究所得 8.8m 大采高工作面矿压显现规律及异常矿压显现现象的发生机理，提出超大空间采场围岩稳定性控制方法，对开采期间的煤壁和顶板稳定性进行控制，并对控制效果进行现场实测，验证研究结论的可靠性。

5.1 煤壁稳定性控制

由第 3 章理论分析结果可得，煤壁变形量、拉应力与完整-破碎区交界面上最大压应力 q 之间的关系如图 5.1 所示。交界面上最大压应力为 0.1MPa 时，煤壁变形量和拉应力分别为 0.3m 和 4.3MPa，随着交界面上压应力水平的提高，煤壁变形量和拉应力均呈现线性增加的趋势，当该应力值增加到 0.5MPa 时，煤壁变形量和拉应力分别增大至 1.5m 和 21.5MPa。上述变化特征表明，工作面前方完整区与破碎区交界面处压应力水平的升高劣化煤壁稳定性。

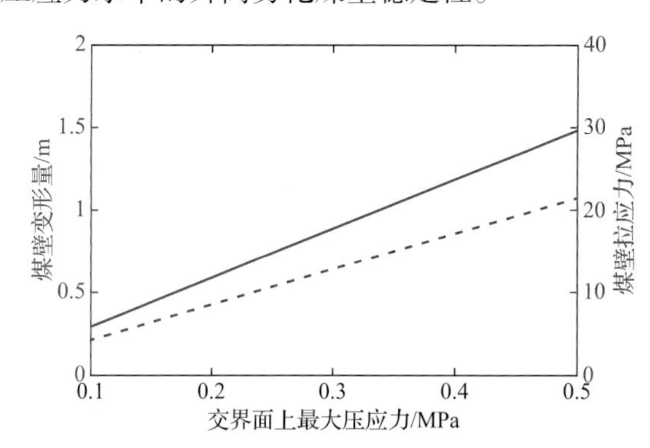

图 5.1　完整-破碎区交界面上最大压应力对煤壁稳定性影响

支架护帮板提供的支护阻力同交界面上的压应力作用方向相反，提高支架护帮板的初始支护力、支护高度、护帮板刚度及最大支护阻力可有效提高煤壁稳定性。为此，12401工作面采取如下煤壁稳定性控制措施：①提高护帮板支护力。适当加大护帮板水平推力，机组采煤移架后，立即打开护帮板护帮，机组采煤前，提前于采煤机1～2架将护帮板收起，使工作面煤壁始终在护帮板支撑下，为揭露煤体提供新的约束，使煤体裂隙仍处于三维压缩状态下发育，这样既防止了大块煤的出现，又使煤机在裂隙发育区内采煤。②增加支架护帮板支护高度。采用三级护帮装置，增大护帮面积和高度。若煤壁片帮严重时，可用手动打护帮板，使一级护帮板紧贴煤壁或顶板，二级护帮板紧贴煤壁；减少采煤机采煤时伸缩梁和护帮板的收回时间，增加顶板和煤壁的支护时间。③进行液压支架结构优化设计。提高液压支架强度，使液压支架更好地适应大采高开采的围岩关系。根据大采高工作面片帮机理，提高顶梁前端支护力是控制工作面片帮冒顶的最有效措施之一。大采高工作面液压支架，顶梁设计为整体顶梁加伸缩梁结构，伸缩梁前端铰接护帮结构为三级机构，一级和三级护帮采用小四连杆结构，可翻转180°，护帮收回时，二级护帮与一级护板保持水平，三级护帮折叠收回。④加强液压系统的管理，提高支架的实际初撑力和工作阻力，尽可能提高泵站的供液压力，采用初撑力保持阀提高实际初撑力，提高护帮板可靠性。

12401工作面初始推进过程中煤壁破坏现象频繁，严重制约大采高综采工作面生产能力的释放。加强护帮强度前煤壁形态的激光扫描结果如图5.2(a)所示，该阶段煤壁上的裂隙发育，煤壁极为不平整，降低了工作面的管理水平。为改善煤壁稳定性，12401工作面根据上述措施，增加8.8m采高液压支架护帮板的初始支护力，采用三级护帮板护帮，增大护帮高度，煤壁稳定性得到有效改善，煤壁上的破坏裂隙发育程度降低，煤壁平整度升高，具体如图5.2(b)所示。煤壁稳定性和平整度的提升降低了对采煤机采煤的影响，使采煤机采煤效率提高，工作面推进速度得到改善。

(a) 加强护帮强度前

(b) 加强护帮强度后

图5.2 加强护帮强度前后煤壁破坏程度对比

5.2 顶板稳定性控制

5.2.1 支架适应性分析

采用第 3 章提出的支架阻力确定方法，对工作面不同推进阶段的支架阻力进行计算，并根据支架阻力同其承载能力之间的关系判断支架适应性，详见表 5.1。本次来压 60#、65#区域循环末阻力最大，对应的估算支架额定工作阻力超过了 26000kN，占来压区域的 10.5%。由于预计来压强度大于支架额定工作阻力，来压期间需要采取其他顶板控制措施，保证 8.8m 采高采场围岩的稳定性，为指导围岩控制措施的有效实施，必须进行采场来压的预测预报。

表 5.1 某周期来压数据统计表 (单位：bar)

阶段	支架编号																		
	20#	25#	30#	35#	40#	45#	50#	55#	60#	65#	70#	75#	80#	85#	90#	95#	100#	105#	110#
1	264	278	296	282	298	283	280	316	347	377	367	349	362	335	295	315	427	263	366
2	302	327	367	371	366	358	298	346	408	384	295	481	358	478	483	487	327	371	346
3	334	394	439	484	488	480	458	500	490	461	459	387	390	334	327	384	268	284	276
4	307	351	329	342	359	390	421	429	486	487	461	467	410	381	409	354	312	280	271
5	395	373	291	331	307	491	328	415	323	301	475	284	466	436	380	261	254	273	282
6	247	246	329	299	270	274	340	443	336	490	364	350	283	303	368	327	290	278	284
7	280	384	315	345	333	296	284	291	462	336	290	447	299	297	272	287	311	275	280
平均	304	336	338	351	346	367	344	391	407	405	387	395	367	366	362	345	313	289	301

5.2.2 采场来压预测方法

1. 工作面顶板情况预测

为加强工作面顶板变化预测，在工作面辅运联巷和回顺调车硐处进行了顶板取岩芯、力学测试工作，部分钻孔位置如图 5.3 所示。确定了沿顶回采的方案，根据架型受力分析，确定加强初撑力管理、架型控制的现场管理措施，使回采期间顶板控制取得较好的效果。

作面回采煤层走势预测

回采期间，根据两顺槽已测底板标高和工作面内已有钻孔标高数据，板高程(图 5.4)与煤层走势剖面(图 5.5)进行了预测，为工作面下一步

。

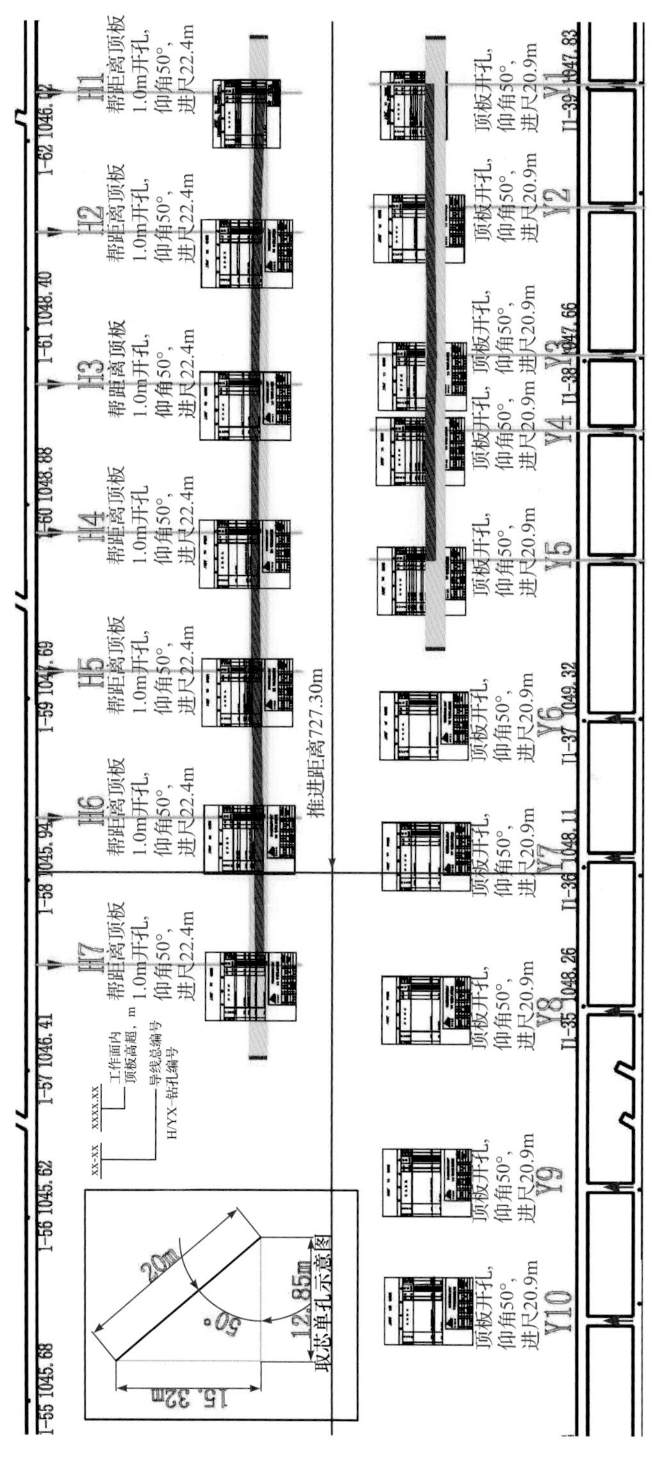

图5.3　工作面顺槽内顶板钻孔位置图

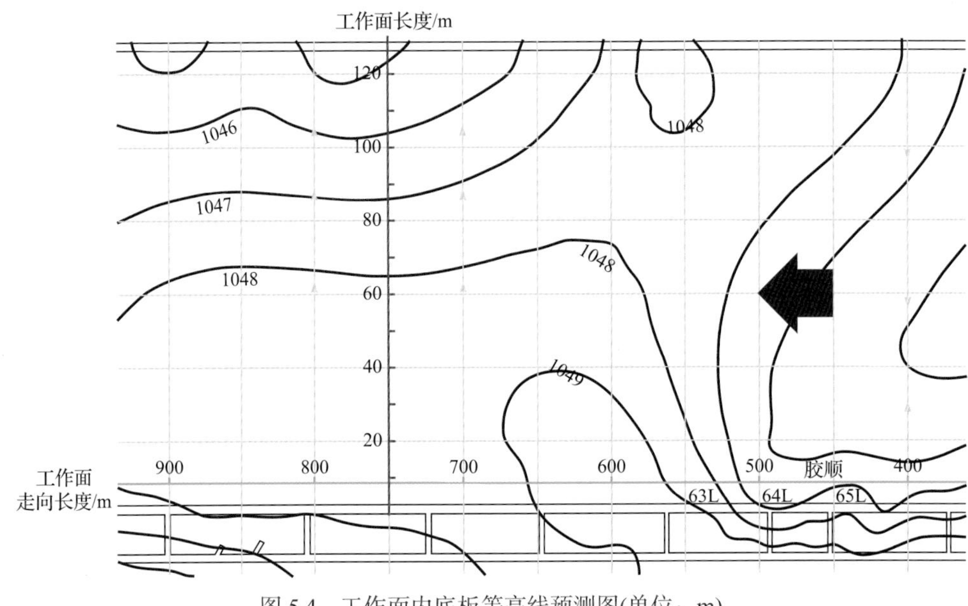

图 5.4 工作面内底板等高线预测图(单位：m)

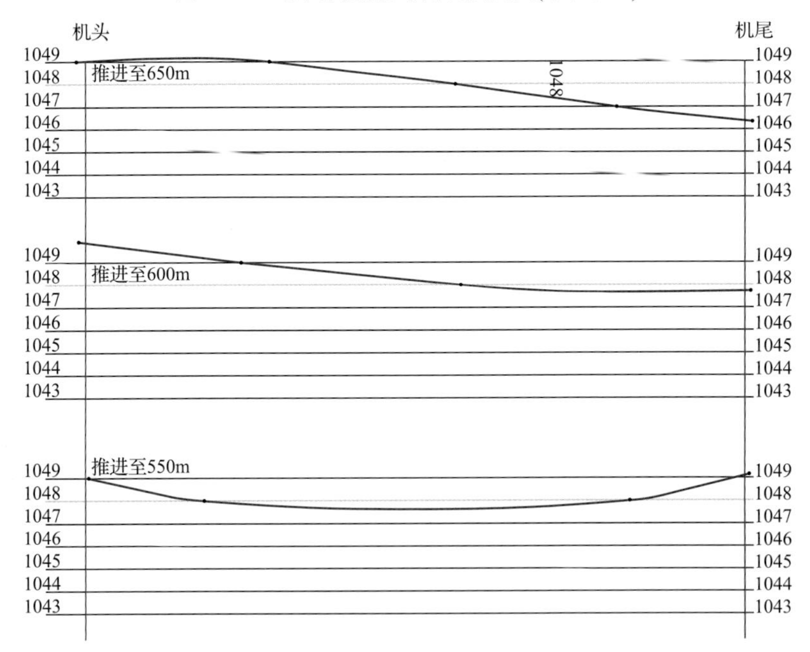

图 5.5 工作面内底板等高线剖面预测图(单位：m)

3. 工作面周期来压预测

采用统计的平均来压步距进行预测，因一段时期内来压步距不等，一般按平均来压步距进行预测。例如，某一阶段来压步距为 13m，来压持续 5m，无压 8m，则根据每班的推进度和上次来压持续与结束的距离进行预测，此方法在紧急调整工作面机头或机尾加甩刀较多时有一定误差。

结合统计矿压及煤机位置图进行来压预测，主要根据刀数统计一段时间内来压持续刀数和无压持续刀数，每班生产前根据当班和上一个班的来压及刀数情况来预测当班压力显现情况。以 2019 年 6 月 20 日夜班至 21 日夜班来压情况为例(图 5.6)，6 月 20 日夜班后，可以预测 4～6 刀后来压将结束(实际来压持续 6 刀)，当班估计剩余时间割不到 6 刀煤，则预测早班可能还有压力，中班采煤刀数小于 8～10 刀，则可据此预测中班无压，最大可能是交接班时来压；6 月 21 日夜班人员则可根据中班采煤刀数预测接班后再割 1～2 刀的可能来压(实际夜班采煤 2 刀后来压)。

4. 来压期间顶板管理效果

来压期间，每刀煤间隔期间(生产期间)支架活柱下缩量和停机期间支架活柱下缩量分别见表 5.2 和表 5.3。由表可以看出，生产期间支架活柱下缩量基本上稳定在 20mm 以下，带压停机期间支架活柱最大下缩量为 26mm，表明工作面支架活柱下缩量小，从活柱下缩量可以看出，所选支架能适应大采高工作面来压强度。

表 5.2　生产期间支架活柱下缩量

支架编号	左/右柱	压力/bar		活柱长度/m		下缩量/mm
		4:50	5:40	4:50	5:40	
80#	左	380	407	3.256	3.236	–20
	右	359	394	3.226	3.208	–18
82#	左	398	433	3.398	3.380	–18
	右	391	420	3.387	3.385	–2
85#	左	317	376	3.129	3.112	–17
	右	304	350	3.098	3.092	–6

表 5.3　停机期间支架活柱下缩量

支架编号	左/右柱	压力/bar		活柱长度/m		下缩量/mm
		10:00	17:00	10:00	17:00	
58#	左	417	474	3.705	3.679	–26
	右	312	372	3.689	3.670	–19
60#	左	484	511	3.577	3.556	–21
	右	508	508	3.533	3.515	–18
62#	左	350	414	3.217	3.192	–25
	右	355	422	3.198	3.186	–12
65#	左	231	318	3.427	3.412	–15
	右	330	395	3.408	3.405	–3

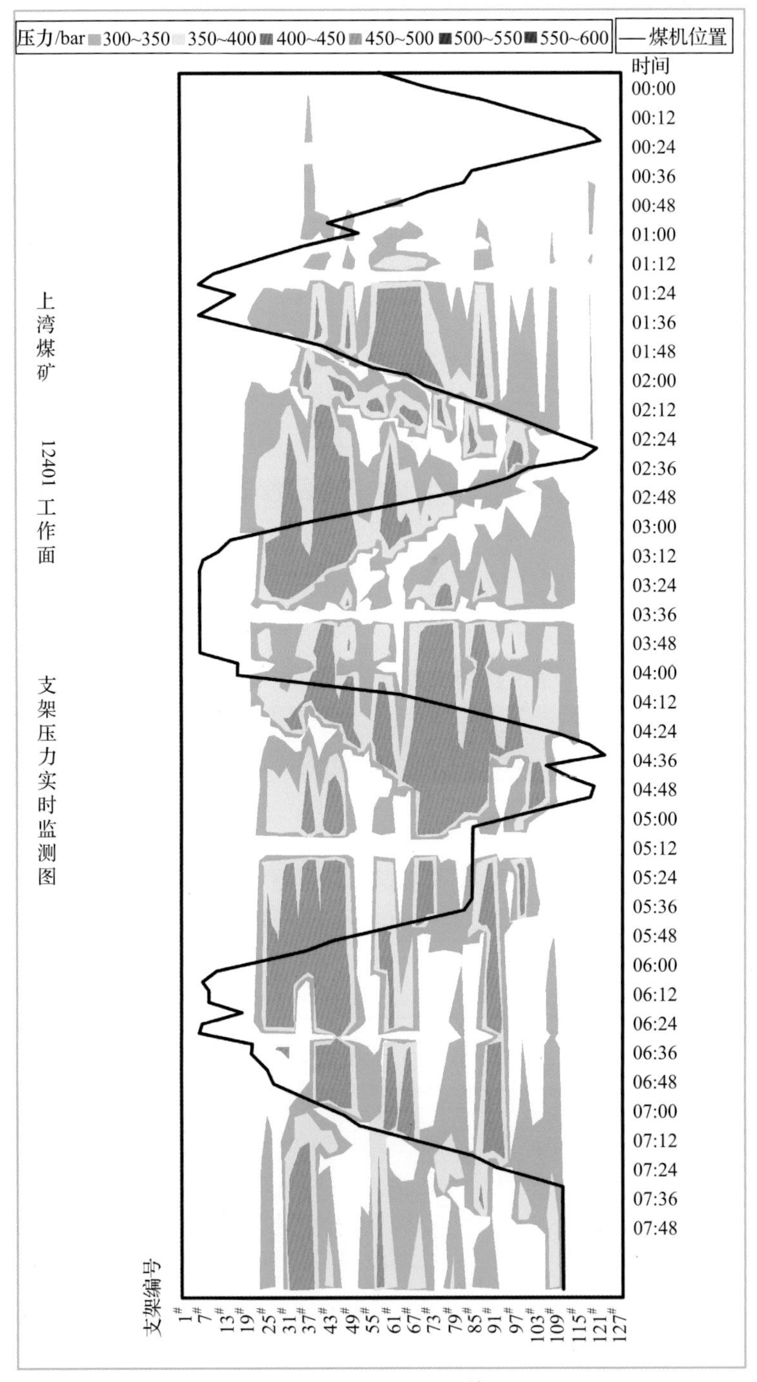

(a) 6月20日0:00~8:00来压情况

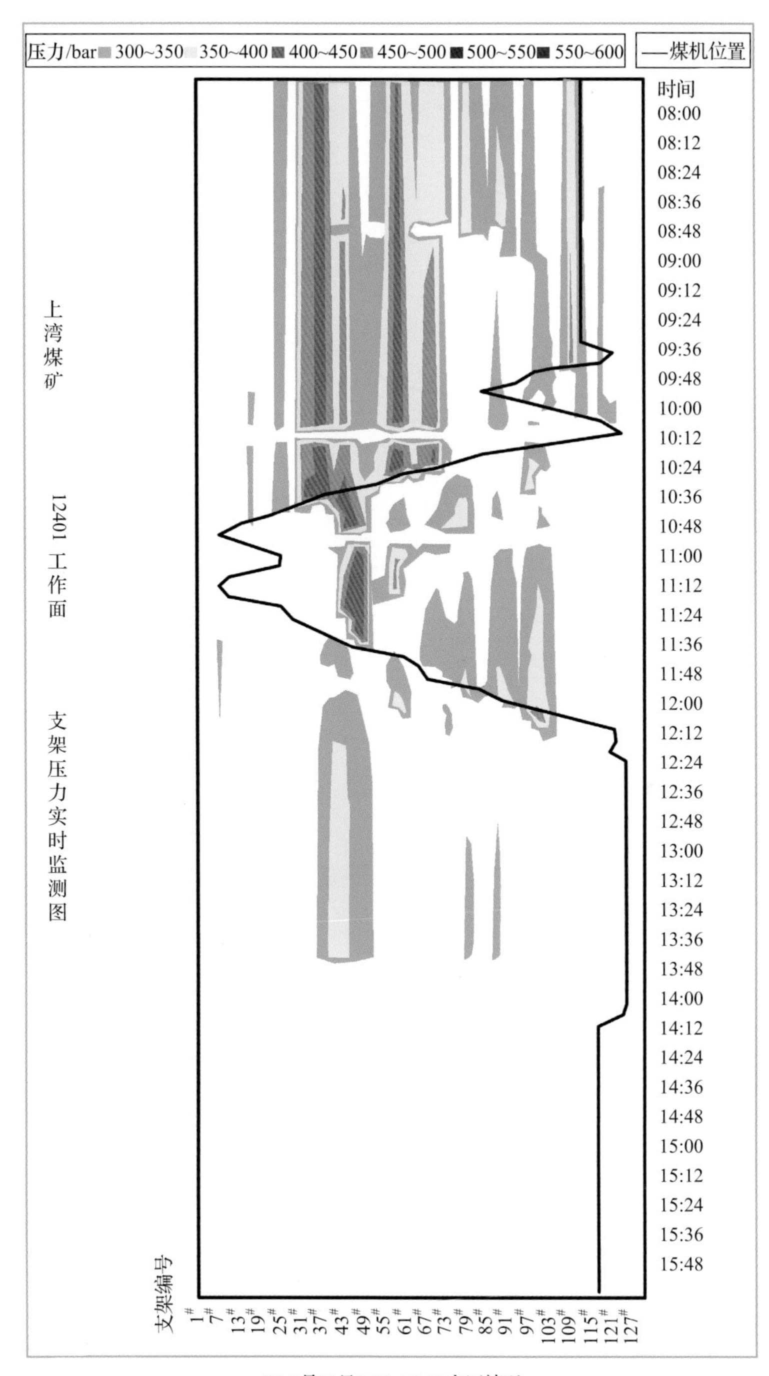

(b) 6月21日8:00~16:00来压情况

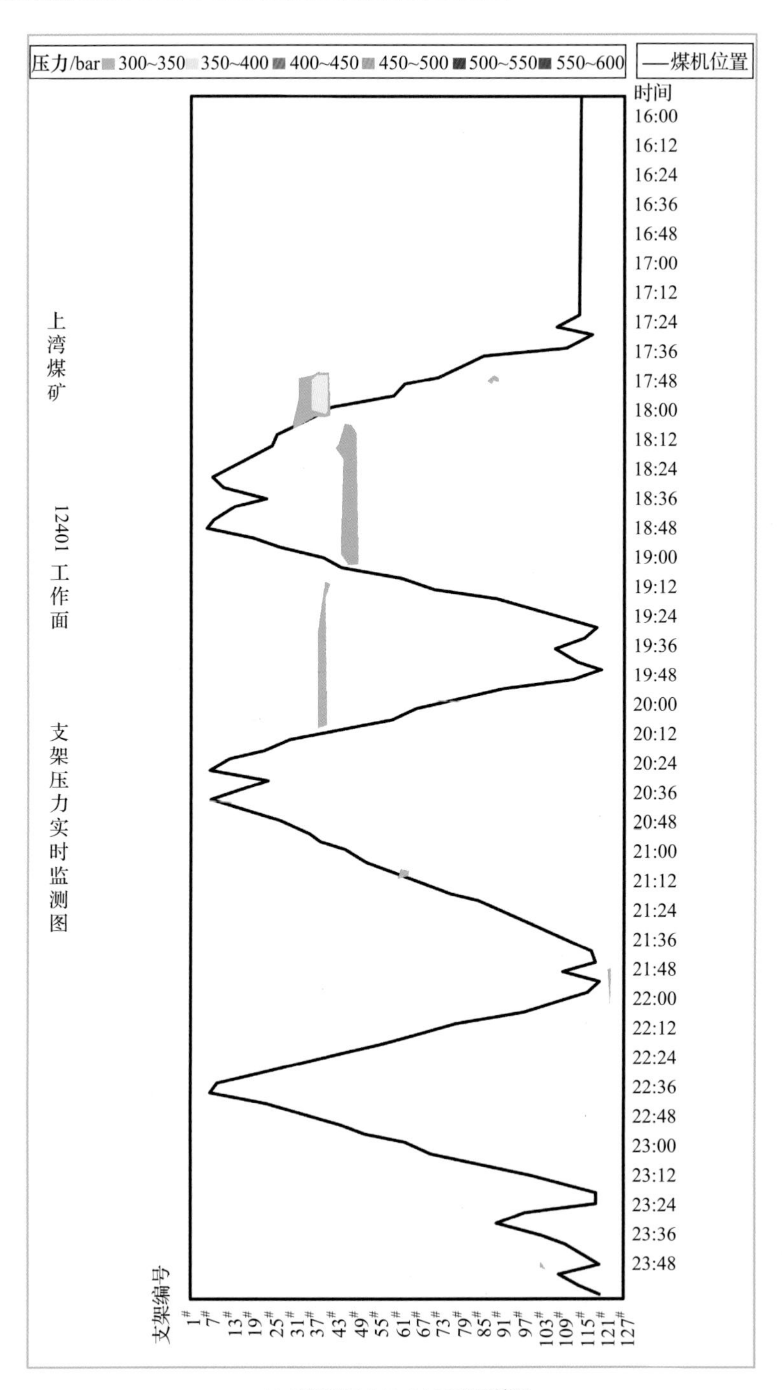

(c) 6月21日16:00~24:00来压情况

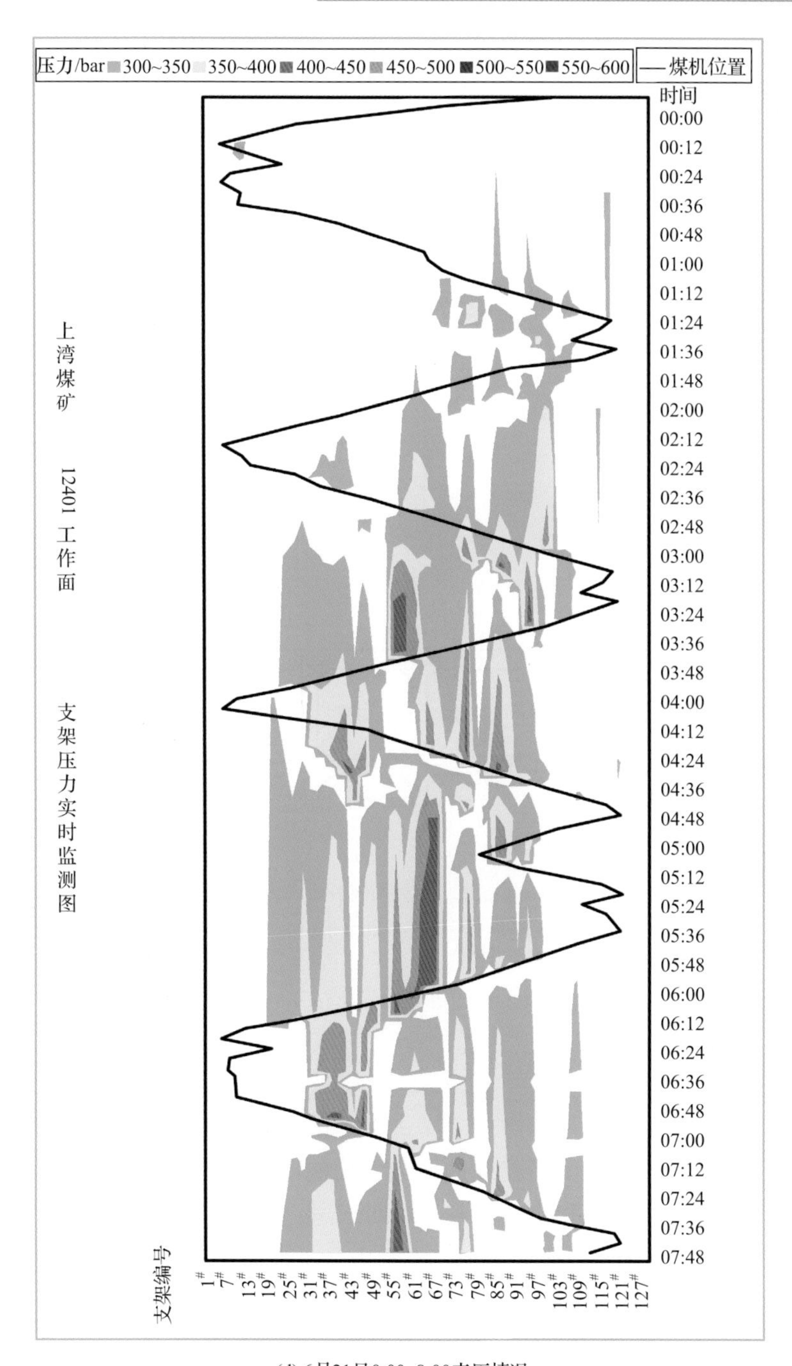

(d) 6月21日0:00~8:00来压情况

图 5.6　2019 年 6 月 20 日夜班至 21 日夜班来压情况

综合来看，一般情况下，支架额定工作阻力均小于 26000kN，但强烈来压时，特别是来压较快的周期内，安全阀开启率最大在 15.7%～31.5%，有一定比例的支架超过设计额定工作阻力，但实测支架活柱下缩量不大。由上述支架活柱下缩量特征可知，采取措施后，所选支架整体上能适应工作面来压情况。

5.3 回撤期间巷道围岩稳定性分析

为掌握上湾煤矿 12401 超大采高工作面末采回撤期间主回撤通道矿压显现情况，保障工作面末采回撤安全，在 12401 工作面主回撤通道安装了锚索测力计、钻孔应力计等监测设备，实现矿压实时在线监测，测站布置如图 5.7 所示。

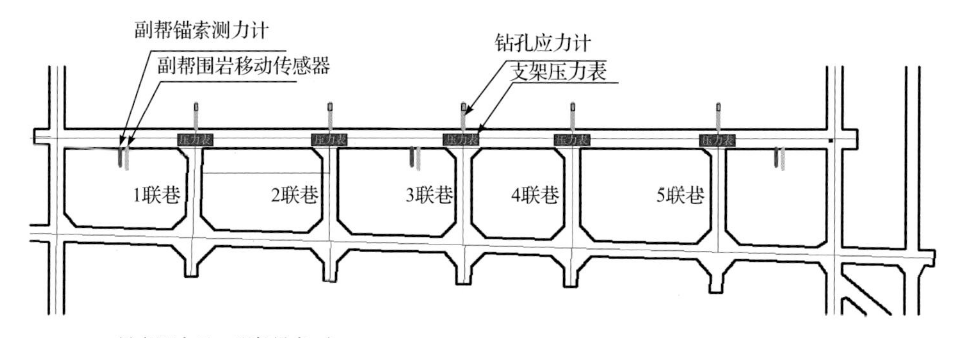

图 5.7　主回撤通道测站布置

1. 垛式支架压力监测

为监测末采贯通期间主回撤通道垛式支架受力，在中部一排垛式支架共安装 5 个压力表，监测垛式支架前后立柱的压力变化情况。压力表的安装位置分别位于 1 联巷、2 联巷、3 联巷、4 联巷、5 联巷附近中部一排垛式支架的前后立柱，压力表编号分别为 $1^{\#}$、$2^{\#}$、$3^{\#}$、$4^{\#}$、$5^{\#}$。主回撤通道垛式支架压力监测曲线如图 5.8 所示。由图 5.8 可知，截至 2019 年 8 月 31 日早班，工作面距离主回撤通道为 20m，回撤通道中部垛式支架压力处于缓慢增大状态。

2. 主回撤通道变形监测

在主回撤通道 1 联巷、3 联巷和 5 联巷附近的巷道副帮安装 3 组围岩移动传感

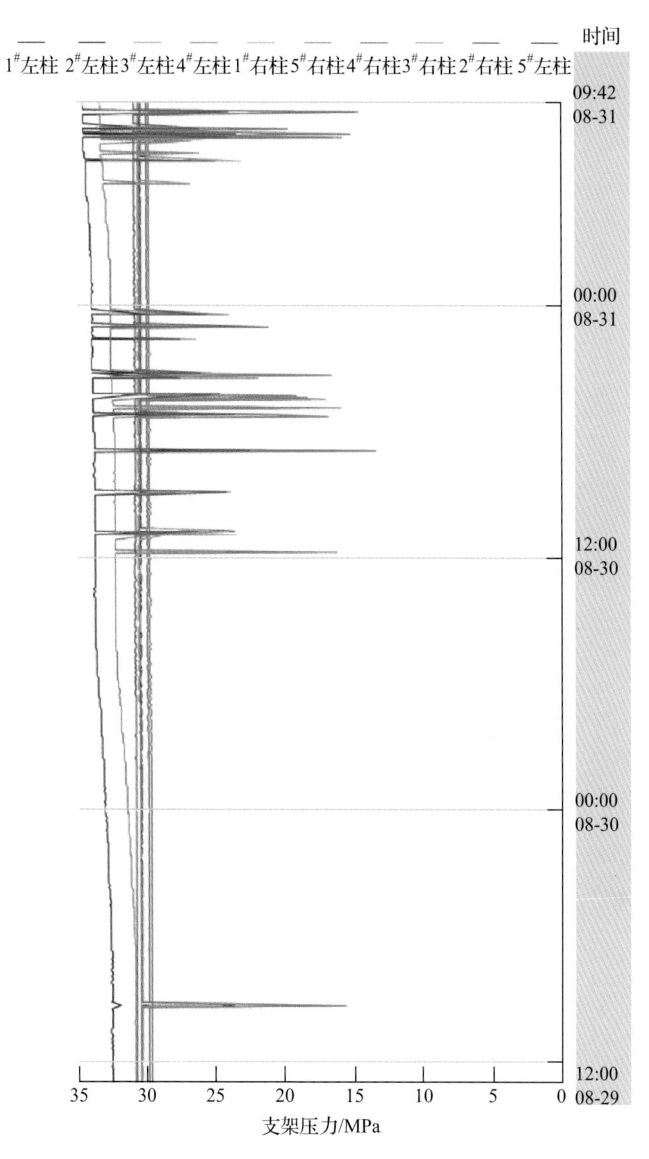

图 5.8　主回撤通道垛式支架压力监测曲线图

器，编号分别为 1#、3#、5#，用于监测末采贯通期间主回撤通道变形情况。主回撤通道围岩移动传感器监测曲线如图 5.9 所示。截至 2019 年 8 月 31 日早班，工作面距离主回撤通道 20m，各围岩移动传感器数值无明显变化。

3. 主回撤通道锚索受力监测

在主回撤通道 1 联巷、3 联巷和 5 联巷附近的巷道副帮安装 3 组锚索测力计，

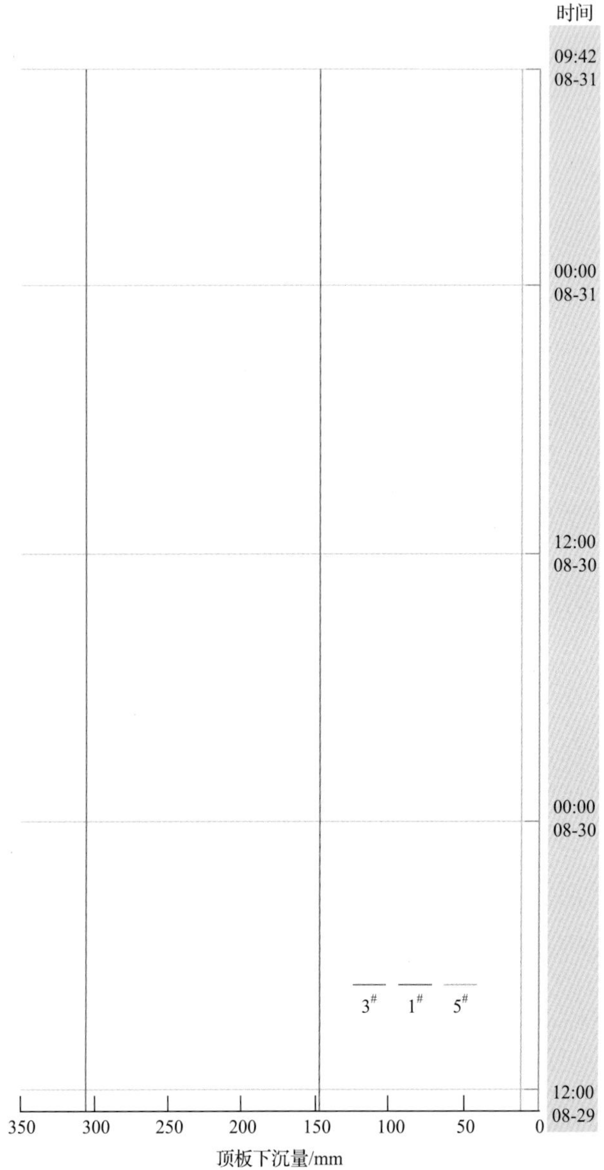

图 5.9　主回撤通道围岩移动传感器监测曲线

编号分别为 1#、3#、5#，用于监测末采贯通期间主回撤通道锚索受力情况。主回撤通道锚索测力计监测曲线如图 5.10 所示。截至 2019 年 8 月 31 日早班，工作面距离主回撤通道 20m，各锚索测力计数值开始略有增大，巷道稳定性良好。

4. 主回撤通道钻孔应力计监测

在主回撤通道正帮安装 5 组钻孔应力计，用于监测工作面末采贯通前超前支

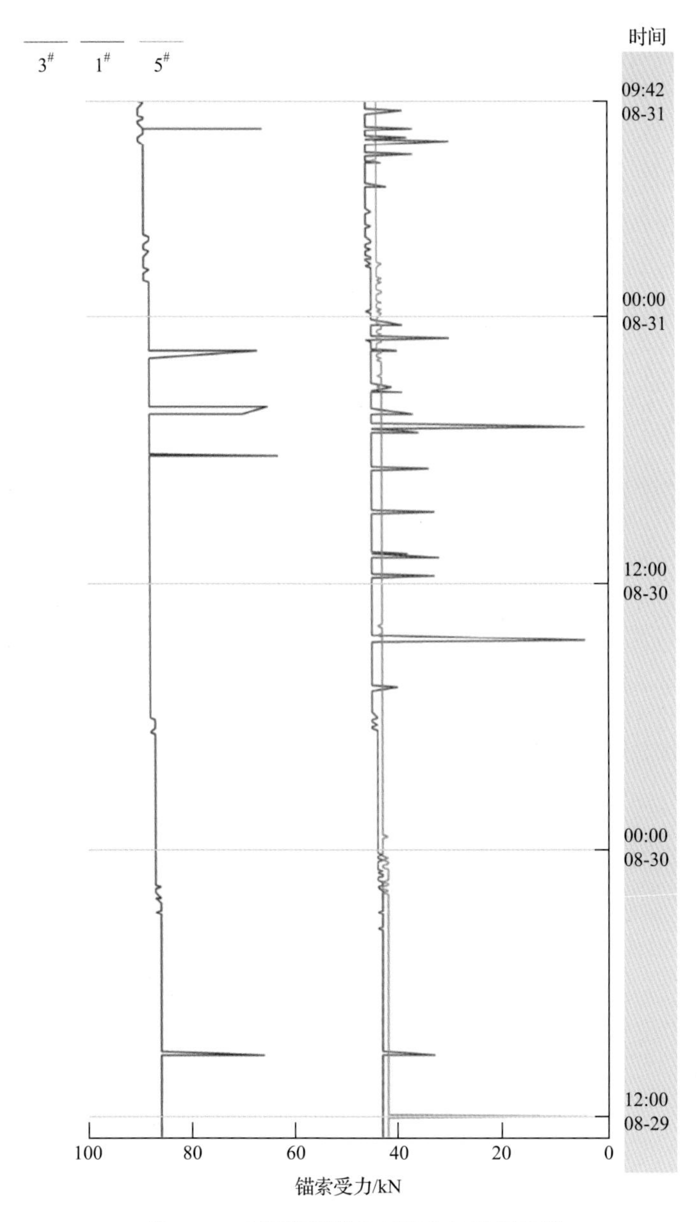

图 5.10　主回撤通道锚索测力计监测曲线

撑压力对主回撤通道的影响，安装位置分别位于 1 联巷、2 联巷、3 联巷、4 联巷、5 联巷附近，对应编号为 1#、2#、3#、4#、5#。主回撤通道钻孔应力计监测曲线如图 5.11 所示。截至 2019 年 8 月 31 日早班，工作面距离主回撤通道 20m，各钻孔应力计数值处于缓慢增长状态，主回撤通道目前处于工作面采动影响范围。

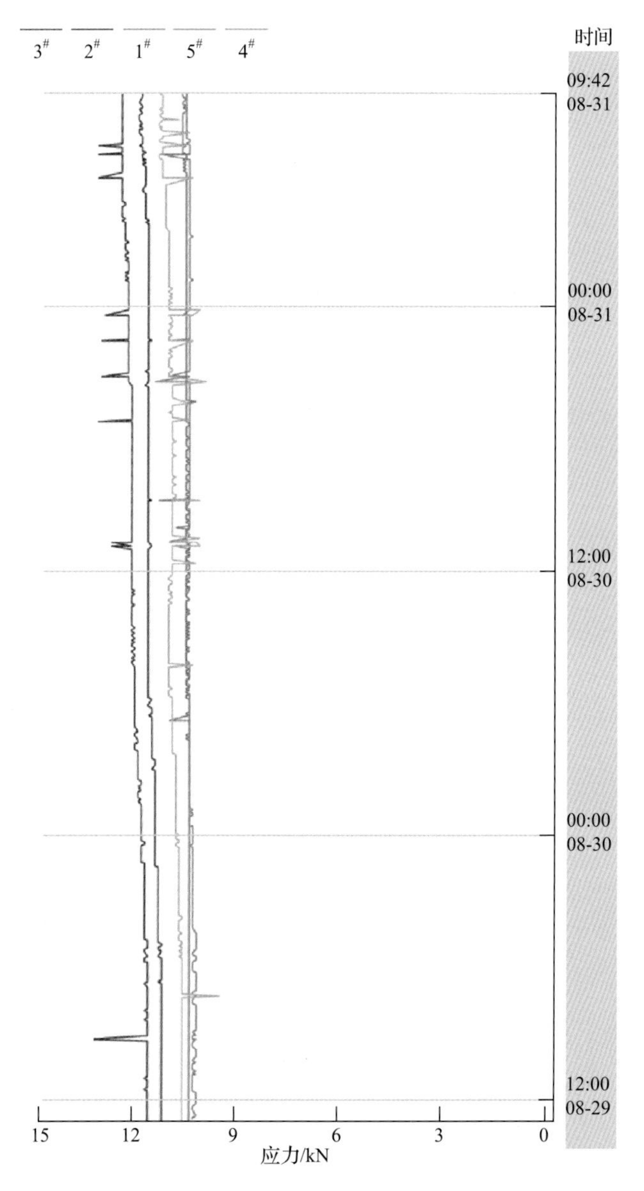

图 5.11　主回撤通道钻孔应力计监测曲线

5.4 本章小结

(1) 本章提出增加支架护帮板的初始支护力、支护高度、护帮板高度和最大支护阻力的措施，采用三维不接触激光测量系统对煤壁治理效果进行了实测。结果表明，治理后煤壁稳定性提高，煤壁破坏裂隙明显减少。

(2) 采用第 3 章提出的方法对顶板压力进行了计算，根据计算结果同支架额定工作阻力之间的关系，对工作面支架适应性进行了分析。结果表明，工作面约有 10%的支架在来压期间具有压架危险。

(3) 为指导来压期间的顶板管理，本章提出了基于顶板赋存情况预测、回采煤层走势预测和工作面周期来压预测的矿压预测方法。

(4) 为保证 12401 工作面末采阶段围岩的稳定性，对主回撤通道支架压力、通道变形、锚索受力和钻孔应力进行了监测，避免了采动灾害的发生。

第6章 结论与展望

6.1 结论

为实现神东上湾煤矿 8.8m 超大采高综采工作面围岩稳定性控制，保证特厚煤层的安全高效开采，本书采用现场实测、理论分析、数值计算和相似材料模拟实验等手段对 12401 工作面开采过程中大空间采场的矿压显现特征、围岩失稳破坏机理、覆岩运动特征与采动应力动态演化特征、围岩控制方法等进行了研究，得出主要结论如下。

(1) 研究得出 8.8m 大采高综采工作面初次来压为 45m，来压步距持续 5m，与相邻矿井同煤层 8m 采高工作面初次来压步距基本相同；工作面推进距离至 130～300m，工作面来压步距和强度都存在“两小一大”的规律，两次小来压步距约为 15m，大来压步距一般在 8～11m，当工作面推进至 300～634m，工作面在来压步距方面也有大小步距交替出现的特点，大步距为 17～24m，小步距为 9～12m。

(2) 受采动影响后覆岩发育特征分别为垮落带发育高度为 48m，是采高的 5.45 倍，裂隙带发育高度为 108m，是采高的 12.27 倍。工作面推进期间，基岩较薄处覆岩只存在垮落带和裂隙带，弯曲下沉带随着基岩厚度的变化而改变；工作面每推进 80～100m，地表会出现相对较大的裂缝，大裂缝宽度为 30cm 左右，长度约为 100m，靠近两顺槽位置裂缝宽度变窄，裂缝两侧无落差，地表对应工作面上下顺槽为台阶裂缝，裂缝宽度一般不超过 20cm，台阶落差不超过 30cm。

(3) 对浅埋采场顶板单关键块运动轨迹分析表明，来压期间工作面如果推进的速度比较快，则引发灾害的风险概率较大，流沙也会使关键块体中的摩擦阻力变小，增加顶板单关键块结构自由落体式失稳的概率，引起顶板台阶下沉；建立了大采高超大采场顶板结构力学模型，得到了顶板自由落体式失稳和回转失稳的发生条件，分析了采场液压支架控顶距大小对顶板失稳的影响情况，控顶距小时发生自由落体式失稳，否则发生回转失稳；分析了流沙对关键块运动过程的影响，当流沙颗粒进入铰接面时，结构出现自由落体式失稳，造成浅埋工作面顶板台阶下沉现象。

(4) 针对两种失稳模式，提出了不同失稳模式下顶板动载荷冲击力确定方法，实现了大采高采场顶板稳定性控制；得出当控顶距较小时，支架承担的冲击力是关键块自由落体式失稳时的 60%，工作面适当减小控顶距有利于顶板控制；工作面长度增加，导致基本顶之上的随动载荷大于简支条件下顶板的极限承载能力，顶板周边和中间断裂线同时出现，提高了浅埋工作面来压强度。

(5) 浅埋工作面前方煤体破坏范围小，煤壁揭露后损伤程度低，受采动影响，下煤壁中上部发生动力破坏，破碎煤块存在高速启动伤人风险；构建了考虑支架刚度和护帮结构的煤壁稳定性分析力学模型，煤壁下部水平变形小，无拉应力分布，煤壁中上部水平变形大且出现拉应力，拉应力随着距底板高度的增大先升高后降低至 0，拉应力是造成煤壁中上部动力破坏的内在原因。

(6) 设计不同采高条件下煤壁稳定性相似材料模拟实验，采高由 300mm 增加至 900mm，煤壁水平变形量由 6mm 增加至 12mm，顶板压力由 20.0kN 降低至 7.9kN，片帮高度和深度呈现升高趋势，煤壁水平变形量和拉应力均随着工作面前方煤体完整区与破碎区交界面上的压应力呈线性增加，煤壁破坏危险性提高，同时揭示了 8.8m 大采高综采工作面采场煤壁抛掷型破坏发生机理。

(7) 通过模型实验揭示了 8.8m 大采高综采工作面推进过程中覆岩移动特征、岩层移动和地表下沉特征。在模拟工作面的回采过程中，基本顶的初次来压步距为 54m，周期来压步距为 13～30m，主关键层的初次破断距为 79m。充分采动后，实验停采位置处的岩层垮落角为 61°，开切眼位置的岩层垮落角为 65°，基本呈现对称分布，垮落形态近似为梯形。

(8) 采用覆岩的物理力学性质，建立了数值模型，揭示了采场应力分布和演化特征、覆岩移动特征、覆岩垮落特征、地表下沉特征等，研究发现随着工作面推进，工作面前方煤层中的最大主应力和最小主应力均发生应力集中现象，应力集中程度随着工作面推进范围的增加而增大。当工作面推进至 200m 时，应力集中程度呈现稳定特征，最大主应力集中程度和变化梯度大于最小主应力，但峰值超前煤壁范围小于最小主应力峰值超前煤壁范围，得到覆岩移动和地表下沉随工作面推进的演化特征。当工作面推进至 300m 时，地表最大下沉量达到近 2.5m，与实测结果一致。

(9) 根据提出的不同失稳模式下顶板动载冲击力确定方法，对顶板压力进行了计算，得出了工作面约有 10%的支架在来压期间具有压架危险；提出了 8.8m 大采高工作面矿压预测预报方法和围岩稳定性控制方法，并采用三维不接触激光测量系统对煤壁治理效果进行了实测。结果表明，治理后煤壁破坏裂隙明显减少，煤壁稳定性提高。

6.2 展望

通过研究 8.8m 大采高超大采场覆岩破断规律与围岩控制，虽然取得了一些研究成果，但受地质条件、开采工艺、开采装备、自然灾害、监测手段等多种因素影响，对超大采高综采工作面的开采还有很多值得研究和探知的问题，主要体现在以下两个方面：

(1) 地表形态对浅埋大采高工作面矿压显现特征的影响和特殊地表形态条件下围岩控制方法。

(2) 由于煤矿开采装备水平的不断升级，浅埋大采高综采工作面回采效率也随之提高，今后在研究该类采场覆岩移动和围岩控制时需考虑工作面覆岩岩性、工作面采高、工作面宽度、工作面推进速度等多因素耦合作用下的影响规律。

参考文献

[1] 史红, 姜福兴. 采场上覆岩层结构理论及其新进展[J]. 山东科技大学学报(自然科学版), 2005, 24(1):21-25.

[2] 翟英达. 采场上覆岩层中的面接触块体结构及其稳定性力学机理[M]. 北京: 煤炭工业出版社, 2006.

[3] BEARD M D , LOWE M J S. Non-destructive testing of rock bolts using guided ultrasonic waves[J]. International Journal of Rock Mechanics and Mining Sciences, 2003, 40(4): 527-536.

[4] CAI M , KAISER P K , MARTIN C D. Quantification of rock mass damage in underground excavations from microseismic event monitoring[J]. International Journal of Rock Mechanics and Mining Sciences, 2001, 38(8): 1135-1145.

[5] 钱鸣高, 缪协兴, 何富连. 采场“砌体梁”结构的关键块分析[J]. 煤炭学报, 1994(6): 557-563.

[6] 钱鸣高, 石平五, 许家林. 矿山压力与岩层控制[M]. 徐州: 中国矿业大学出版社, 2010.

[7] 钱鸣高, 缪协兴. 采场矿山压力理论研究的新进展[J]. 矿山压力与顶板管理, 1996(2): 17-20, 72.

[8] 钱鸣高, 缪协兴. 采场上覆岩层结构的形态与受力分析[J]. 岩石力学与工程学报, 1995(2): 97-106.

[9] QIAN M G, HE F L, MIAO X X. The system of strata control around longwall face in China[J]. Mining Science and Technology, 1996: 15-18.

[10] 钱鸣高, 缪协兴, 许家林. 岩层控制中的关键层理论研究[J]. 煤炭学报, 1996(3): 2-7.

[11] 宋振骐, 蒋宇静, 刘建康. “实用矿山压力控制”的理论和模型[J]. 煤炭科技, 2017(2): 1-10.

[12] 宋振骐, 蒋金泉. 煤矿岩层控制的研究重点与方向[J]. 岩石力学与工程学报, 1996(2): 33-39.

[13] 宋振骐, 蒋宇静. 采场顶板控制设计中几个问题的分析探讨[J]. 矿山压力, 1986(1): 1-9, 79.

[14] 石平五. 论采场支架的作用及其与围岩的关系[J]. 西安矿业学院学报, 1983, 1: 54-62.

[15] 靳钟铭, 徐林生. 煤矿坚硬顶板控制[M]. 北京: 煤炭工业出版社, 1994.

[16] 贾喜荣. 矿山岩层力学[M]. 北京: 煤炭工业出版社, 1997.

[17] 刘天泉. 煤矿地表移动与覆岩破坏规律及其应用[M]. 北京: 煤炭工业出版社, 1981.

[18] PALCHIK V. Formation of fractured zones in overburden due to longwall mining[J]. Environmental Geology, 2003, 44(1): 28-38.

[19] MARK C, CHASE F E, PAPPAS D M. Multiple-seam mining in the United States: Design based on case histories[R]. Pittsburgh Research Laboratory: Proceedings: New Technology for Ground Control in Multiple-seam Mining, 2007: 15-27.

[20] 黄庆享. 浅埋煤层长壁开采顶板结构及岩层控制研究[M]. 徐州: 中国矿业大学出版社, 2000.

[21] 黄庆享, 周金龙. 浅埋煤层大采高工作面矿压规律及顶板结构研究[J]. 煤炭学报, 2016, 41(S2): 279-286.

[22] 黄庆享, 唐朋飞. 浅埋煤层大采高工作面顶板结构分析[J]. 采矿与安全工程学报, 2017, 34(2): 282-286.

[23] 黄庆享, 马龙涛, 董博, 等. 大采高工作面等效直接顶与顶板结构研究[J]. 西安科技大学学报, 2015, 35(5): 541-546, 610.

[24] 赵宏珠. 综采面矿压与液压支架设计[M]. 北京: 中国矿业学院出版社, 1987.

[25] 弓培林. 大采高采场围岩控制理论及应用研究[D]. 太原: 太原理工大学, 2006.

[26] 弓培林, 靳钟铭. 大采高采场覆岩结构特征及运动规律研究[J]. 煤炭学报, 2004, 29(1): 7-11.

[27] 郝海金, 吴健, 张勇, 等. 大采高开采上位岩层平衡结构及其对采场矿压显现的影响[J]. 煤炭学报, 2004, 29(2): 137-141.

[28] 郝海金, 张勇, 袁宗本. 大采高采场整体力学模型及采场矿压显现的影响[J]. 矿山压力与顶板管理, 2003 (1): 21-24.
[29] 付玉平, 宋选民, 邢平伟. 浅埋煤层大采高超长工作面垮落带高度的研究[J]. 采矿与安全工程学报, 2010, 27(2): 190-194.
[30] 杨胜利, 王兆会, 孔德中, 等. 大采高采场覆岩破断演化过程及支架阻力的确定[J]. 采矿与安全工程学报, 2016, 33(2): 199-207.
[31] 许家林, 鞠金峰. 特大采高综采面关键层结构形态及其对矿压显现的影响[J]. 岩石力学与工程学报, 2011, 30(8):1547-1556.
[32] JU J F, XU J L. Structural characteristics of key strata and strata behaviour of a fully mechanized longwall face with 7.0 m height chocks[J]. International Journal of Rock Mechanics and Mining Sciences, 2013, 58: 46-54.
[33] 孙利辉. 西部弱胶结地层大采高工作面覆岩结构演化与矿压活动规律研究[J]. 岩石力学与工程学报, 2017, 36(7): 1820.
[34] 向鹏, 孙利辉, 纪洪广, 等. 大采高工作面冒落带动态分布特征及确定方法[J]. 采矿与安全工程学报, 2017, 34(5): 861-867.
[35] CHENG G W, MA T H, TANG C A, et al. A zoning model for coal mining-induced strata movement based on microseismic monitoring[J]. International Journal of Rock Mechanics and Mining Sciences, 2017, 94: 123-138.
[36] KANG T H, JIN Z M. Laws of coal-rock movement and derived support parameters for a fully mechanized sub-level caving face in a gently inclined seam[J]. International Mining and Minerals, 1999, 2(21): 255-259.
[37] SHEOREY P R, LOUI J P, SINGH K B, et al. Ground subsidence observations and a modified influence function method for complete subsidence prediction[J]. International Journal of Rock Mechanics and Mining Sciences, 2000, 37(5): 801-818.
[38] DONNELLY L J, DE LA CRUZ H, ASMAR I, et al. The monitoring and prediction of mining subsidence in the Amaga, Angelopolis, Venecia and Bolombolo Regions, Antioquia, Colombia[J]. Engineering Geology, 2001, 59(1): 103-114.
[39] GE L, CHANG H C, RIZOS C. Mine subsidence monitoring using multi-source satellite SAR images[J]. Photogrammetric Engineering and Remote Sensing, 2007, 73(3): 259-266.
[40] ZHU W B, XU J M, XU J L, et al. Pier-column backfill mining technology for controlling surface subsidence[J]. International Journal of Rock Mechanics and Mining Sciences, 2017, 96: 58-65.
[41] 余学义. 大采高浅埋煤层开采地表移动变形特征研究[J]. 煤炭工程, 2012, 24(7): 61-64.
[42] 夏艳华. 面向实时可视化与数值模拟 3DSIS 数据模型研究[D]. 武汉: 中国科学院武汉岩土力学研究所, 2006.
[43] 王鹏, 余学义. 浅埋煤层大采高开采地表裂缝破坏机理研究[J]. 煤炭工程, 2014, 46(5): 84-86.
[44] 范立民. 论榆神府区煤炭开发的生态水位保护[J]. 矿床地质, 2010, 29: 1043-1044.
[45] 宋选民. 浅埋煤层大采高工作面长度增加对矿压显现的影响规律研究[J]. 岩石力学与工程学报, 2007, 26(2): 4007-4012.
[46] 顾伟. 厚松散层下开采覆岩地表移动规律研究[D]. 徐州: 中国矿业大学, 2013.
[47] 施喜书, 许家林, 朱卫兵. 补连塔矿复杂条件下大采高开采地表沉陷实测[J]. 煤炭科学技术, 2008, 36(9): 80-83.
[48] LIU C Y, QIAN M G. Stability and control of immediate roof of fully mechanized coal face[C]. International Conference on Ground Control in Mining, Morgantown, 1990: 123-127.
[49] ORDRAC B B. Rock pressure feature of Moscow suburb coalfield[J]. Coal, 1998(2): 38-49.
[50] 王国法. 大采高技术与大采高液压支架的开发研究[J]. 煤矿开采, 2009, 14(1): 1-4.
[51] 李明忠, 刘珂珉, 曾明胜, 等. 大采高放顶煤开采技术及其发展前景[J]. 煤矿开采, 2006, 11(5): 28-29, 43.
[52] 庞义辉, 王国法, 张金虎, 等. 超大采高工作面覆岩断裂结构及稳定性控制技术[J]. 煤炭科学技术, 2017,

45(11): 45-50.

[53] SHABANIMASCHCOO M, LI C C. Analytical approaches for studying the stability of laminated roof strata[J]. International Journal of Rock Mechanics and Mining Sciences, 2015, 79: 99-108.

[54] DAS A J, MANDAL P K, BHATTACHARJEES R, et al. Evaluation of stability of underground workings for exploitation of an inclined coal seam by the ubiquitous joint model[J]. International Journal of Rock Mechanics and Mining Sciences, 2017, 93: 101-114.

[55] 黄庆享, 祈万涛, 杨春林. 采场基本顶初次破断机理与破断形态分析[J]. 西安矿业学院学报, 1999, 19(3): 193-197.

[56] 赵雁海, 宋选民. 浅埋超长工作面裂隙梁铰拱结构稳定性分析及数值模拟研究[J]. 岩土力学, 2016, 37(1): 203-209.

[57] 付玉平, 宋选民, 邢平伟,等. 大采高采场顶板断裂关键块稳定性分析[J]. 煤炭学报, 2009, 34(8): 1027-1031.

[58] 吕强, 宋选民. 大采高工作面矿压规律及支架适应性研究[J]. 煤炭技术, 2016, 35(3): 27-29.

[59] 邵林波. 如何确定液压支架的工作阻力[J]. 昆明冶金高等专科学校学报, 2002(3): 14-15.

[60] HAO H J, ZHANG Y. Stability analysis of coal wall in full-seam cutting work face with fully-mechanized in thick seam[J]. Journal of Liaoning Technical University, 2005, 24(4): 489-491.

[61] 郝海金, 张勇, 陆明心, 等. 缓倾斜厚煤层大采高开采工作面矿压研究[J]. 煤, 2003, 12(2): 11-13.

[62] 郝海金. 晋城矿区大采高开采技术探索与实践[J]. 煤, 2011, 20(12): 30-32, 55.

[63] 袁永, 屠世浩, 王瑛, 等. 大采高综采技术的关键问题与对策探讨[J]. 煤炭科学技术, 2010, 38(1): 4-8.

[64] 王继林, 袁永, 屠世浩, 等. 大采高综采采场顶板结构特征与支架合理承载[J]. 采矿与安全工程学报, 2014, 31(4): 512-518.

[65] 屠世浩, 袁永. 厚煤层大采高综采理论与实践[M]. 徐州: 中国矿业大学出版社, 2012.

[66] WANG J C, YANG S L, LI Y, et al. A dynamic method to determine the supports capacity in longwall coal mining[J]. International Journal of Mining Reclamation and Environment, 2015, 294: 277-288.

[67] 庞义辉, 王国法. 大采高液压支架结构优化设计及适应性分析[J]. 煤炭学报, 2017, 42(10): 2518-2527.

[68] 王国法, 庞义辉, 马英. 特厚煤层大采高综放自动化开采技术与装备[J]. 煤炭工程, 2018, 50(1): 1-6.

[69] 王国法, 庞义辉. 液压支架与围岩耦合关系及应用[J]. 煤炭学报, 2015, 40(1): 30-34.

[70] 王国法, 庞义辉, 李明忠, 等. 超大采高工作面液压支架与围岩耦合作用关系[J]. 煤炭学报, 2017, 42(2): 518-526.

[71] BRADY B H G, BROWN E T. Rock Mechanics for Underground Mining[M]. New York: Kluwer Academic Publishers, 2006.

[72] NICHOLLS B. What's wrong with Australia's longwalls? [J]. Australian Journal of Mining, 2001, 169(16): 27-28.

[73] BOARD J C. Australia's Longwalls[R]. Sydeny, New South Wales: Joint Coal Board Longwall Survey Statistics, 2002.

[74] SALAMON M D G, MUNRO A H. A study of the strength of coal pillars[J]. Journal of the South African Institute of Mining and Metallurgy, 1967, 68(2): 55-67.

[75] LEE K E, BANG J H, LEE I M, et al. Use of fuzzy probability theory to assess spalling occurrence in underground openings[J]. International Journal of Rock Mechanics and Mining Sciences, 2013, 64: 101-115.

[76] SATYENDRA K S, HARSHIT A, AWANINDRA P S. Rib stability: A way forward for safe coal extraction in India[J]. International Journal of Mining Science and Technology, 2017, 27(6): 1087-1091.

[77] 钱鸣高, 缪协兴, 黎良杰. 采场底板岩层破断规律的理论研究[J]. 岩土工程学报, 1995(6): 55-62.

[78] 钱鸣高, 李鸿昌. 采场上覆岩层活动规律及其对矿山压力的影响[J]. 煤炭学报, 1982(2): 1-12.

[79] 钱鸣高. 煤炭的科学开采[J]. 煤炭学报, 2010, 35(4): 529-534.

[80] 谢和平, 钱鸣高, 彭苏萍, 等. 煤炭科学产能及发展战略初探[J]. 中国工程科学, 2011, 13(6): 44-50.

[81] 王虹. 我国综合机械化掘进技术发展 40a[J]. 煤炭学报, 2010, 35(11): 1815-1820.
[82] 王家臣. 煤炭科学开采的内涵及技术进展[J]. 煤炭与化工, 2014, 37(1): 5-9.
[83] 钱鸣高, 许家林, 王家臣. 再论煤炭的科学开采[J]. 煤炭学报, 2018, 43(1): 1-13.
[84] 王家臣, 仲淑姮. 我国厚煤层开采技术现状及需要解决的关键问题[J]. 中国科技论文在线, 2008(11): 829-834.
[85] 王家臣. 厚煤层开采理论与技术[M]. 北京: 冶金工业出版社, 2009.
[86] 王家臣. 我国综放开采技术及其深层次发展问题的探讨[J]. 煤炭科学技术, 2005, 33(1): 14-17.
[87] 孔德中, 杨胜利, 高林, 等. 基于煤壁稳定性控制的大采高工作面支架工作阻力确定[J]. 煤炭学报, 2017, 42(3): 590-596.
[88] 陈亮, 孟祥瑞, 高召宁, 等. 大采高综采工作面煤壁片帮机理分析[J]. 煤炭科学技术, 2011, 39(5): 18-20, 24.
[89] BAI Q S, TU S H, ZHANG X G, et al. Numerical modeling on brittle failure of coal wall in longwall face: A case study[J]. Arabian Journal of Geosciences, 2014, 7(12): 5067-5080.
[90] 宋振骐, 梁盛开, 汤建泉, 等. 综采工作面煤壁片帮影响因素研究[J]. 湖南科技大学学报(自然科学版), 2011, 26(1): 1-4.
[91] 杨胜利, 姜虎, 程志恒. 层理发育硬煤层煤壁片帮机理及防治技术[J]. 煤炭科学技术, 2013, 41(12): 27-30.
[92] 杨胜利, 孔德中, 杨敬虎, 等. 综放仰斜开采煤壁稳定性及注浆加固技术[J]. 采矿与安全工程学报, 2015, 32(5): 827-833, 839.
[93] 杨胜利, 孔德中. 大采高煤壁片帮防治柔性加固机理与应用[J]. 煤炭学报, 2015, 40(6): 1361-1367.
[94] 王家臣, 王蕾, 郭尧. 基于顶板与煤壁控制的支架阻力的确定[J]. 煤炭学报, 2014, 39(8): 1619-1624.
[95] 王家臣, 孙书伟. 露天矿边坡工程[M]. 北京: 科学出版社, 2016.
[96] 谭文辉, 王家臣, 刘伟. 边坡稳定性分析方法的探讨[J]. 露天采煤技术, 1998(2): 21-23.
[97] 郝海金, 张勇. 大采高开采工作面煤壁稳定性随机分析[J]. 辽宁工程技术大学学报, 2005(4): 489-491.
[98] 王家臣, 刘峰, 王蕾. 煤炭科学开采与开采科学[J]. 煤炭学报, 2016, 41(11): 2651-2660.
[99] WANG J C, YANG S L, KONG D Z. Failure mechanism and control technology of longwall coal face in large-cutting-height mining method[J]. International Journal of Mining Science and Technology, 2016, 1(26): 111-118.
[100] 王家臣. 极软厚煤层煤壁片帮与防治机理[J]. 煤炭学报, 2007(8): 785-788.
[101] 王家臣, 李志刚. 极软煤层综放面围岩稳定性离散元模拟[J]. 矿山压力与顶板管理, 2005, 32(2): 1-3, 118.
[102] 袁永, 屠世浩, 马小涛, 等. “三软”大采高综采面煤壁稳定性及其控制研究[J]. 采矿与安全工程学报, 2012, 29(1): 21-25.